ちくま文庫

人生の教科書

[数学脳をつくる]

藤原和博　岡部恒治

筑摩書房

本文デザイン　山下可絵
本文イラスト　長浜孝広

この一冊で、
本質の見抜き方がわかります

はじめに

「なんで数学を勉強しなきゃいけないの？」

［よのなか］でいちばん大事な〝数学的能力〟って、いったい何でしょう？

『人生の教科書［数学脳をつくる］』は、そんな疑問から生まれました。

九九ができるからお釣りの計算が速いというような、いわゆる〝計算力〟は、もちろん重要ですが、小学校までの課題として除外しています。この本で扱う数学は、中学の「選択数学」や高校の「数学基礎」で扱われるべき内容です。

しかしながら、問題を解くことだけを目的にはしていません。この本で扱う数学的課題は、実際身近に存在する物や［よのなか］で起こる物事・現象との間にリンクを張る（関係づける）工夫をしているため、今どきの子どもたちから発せられるいちばん手ごわい質問に答えることになります。

「ねえ、なんで数学を勉強しなきゃいけないの？」

この本によって子どもたちは、［よのなか］には数学的な考え方が実に多く隠されていることを知るでしょう。そしてクイズのように問題を解いていくうちに「数学的な考え方」、つまり、本質を見抜く力が鍛えられていきます。だから、今まで数学が嫌いだったり、不得意だったりして、数学を遠ざけてきたビジネスマンや主婦の方々に、もう一度、数学的な考え方を楽しみながら学んでもらえる絶好の機会を提供することにもなります。［よのなか］で現実に起こっている数学的コミュニケーションをもっと円滑にするために『人生の教科書［数学脳をつくる］』は生まれたのです。

たとえば、新しい商品は、要素の組み合わせによって成り立つことが多いもの。写真という技術のまわりだけを見ても、レンズ＋フィルム＝使い捨てカメラだったり、デジタル写真＋即時プリント＋シール＝プリクラだったり、携帯電話＋デジカメ＝携帯電話で写真をメールする機能だったり。商品開発には、「くっつける技術」が応用されています。このような技術も、消費者のニーズの本質が見抜けなければ、意味のない組み合わせ、つまり魅力のない商品を生み出すだけに終わってしまうでしょう。

一方、環境問題など現代社会の複雑な問題を分析して解決策を導き出そうとするときには、複雑な問題を複雑なまま眺めていても糸口は見つからないので、含まれる要素を細かく分けて、問題の在《あ》り処《か》を「区別する技術」が採られます。このようなくっつける技術や区別する技術も「数学的思考技術」のなかの重要なキー・テクノロジーと言えるでしょう。

その他、この本では、抽象化を学ぶことによって不要な情報を「捨てる技術」を養ったり、難問にぶつかったときには「かみくだく技術」を使って解決したり、［よのなか］で起こる問題に的確に対処できる数学脳をつくることを目的とした問題がぎっしり詰まっています。さらに「寄せる技術」「なんとなくの技術」「近似する技術」「類推する技術」といった合わせて８つの技術が指南されます。

そのどれもが、「本質を見抜く数学脳」を構成する技術なのです。

科学者や技術者、建築士、証券アナリストなどの職業に就いている人以外は、数学という学問そのものを実社会で使う機会は少ないかもしれません。しかしながら、[よのなか] を生きる技術として、「数学的思考技術」が役立つことには、疑問の余地はないでしょう。

「本質を見抜く数学脳」を育てれば、未来を味方につける力が手に入ることに、あなたは気づくに違いありません。

この本は、数学者の岡部恒治埼玉大学教授、イラストレーターの長浜孝広、そして [よのなか] の実相をもっと学校の授業に取り込むために [よのなか] 科の授業実践を指導している私のコラボレーションによってできました。

また、この教科書に掲載した内容をもとにした授業実践の場を、はじめに提供してくださったのは、品川女子学院中等部であり、数学科の鈴木仁教諭が教鞭《きようべん》を執《と》ってくださいました。

編著者一同は、この教科書によって、新しい日本人が21世紀に必要とする〝数学的能力〟、言葉を替えれば〝本質を見抜く数学脳〟とはいったい何なのかを問いかけてみようと考えています。

と同時に、子どもたちが数学嫌いにならないうちに、手遅れにならないように、この教科書で学んでもらいたいと、切に願うものです。

藤原和博

人生の教科書

[数学脳をつくる]

CONTENTS

Chapter 1

第1章

本当の仲間はずれは存在するか

数学は答が1つという誤解

「仲間はずれ？　そんなの数学ではない」と思う人もいるかもしれません。でも、仲間はずれを探す感覚は、数学を学ぶことで身につく大切な能力と密接な関係があるのですよ。

問題1-1

４つの図形のうち、仲間はずれの図形はどれでしょう？　また、その理由は何ですか？

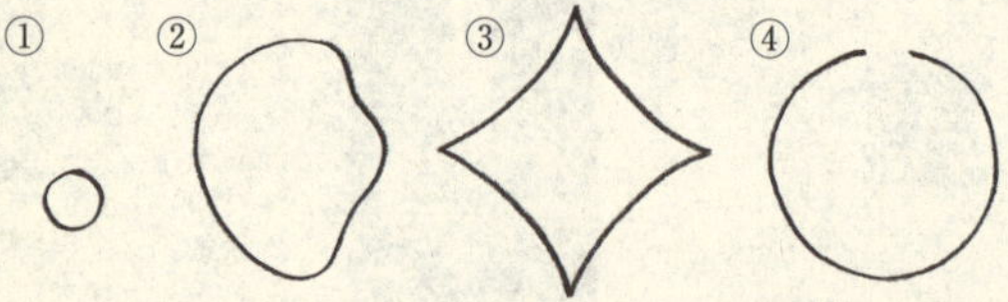

問題1-1の考え方

「④が仲間はずれだ」と答える人が圧倒的に多いのですが、実は、いろいろな答があっていいのです。

ではまず、「④が仲間はずれ」の理由は何ですか？

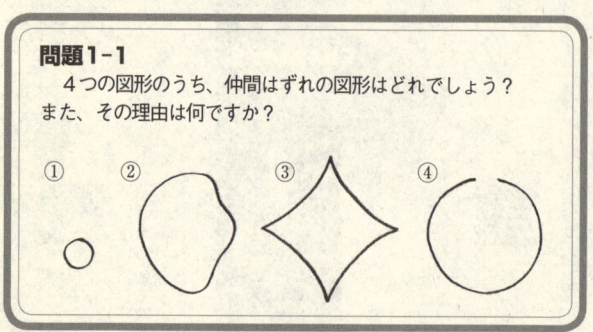

線が切れている。なるほど、よいところに気がつきました。でも、別のとらえ方もありますよ。４つの図を紙に書き、線に沿ってカッターで切ってみましょう。そうすると、①〜③の図形は全部切り離されてしまうのに、④だけはブラブラと紙にくっついたまま落ちないですね。「線が切れている」から、「用紙から切り離されていない」のです。つまり、「この図形は、紙を２つに分けていない」ということを意味しています。

さて、次に多い答が②。②以外は、さきほど切り取った図形をそれぞれ縦の中心線で折ってみると、ぴったりと重なり合います。でも、②は重なり合いませんね。ある線で折ったときに重なり合うような図形を、「線対称」と言います。①、③、④はみな線対称なのに、②だけが違います。

いちばん選んだ人が少なかったのは、①の図形です。でも、①にも仲間はずれの要素がありますよ。「小さい」という理由です。さきほど切り取った図形を重ねて比較すると、①が他の図形より飛び抜けて小さいことがよくわかります。仲間はずれとして認識されにくかったのは、「小さい」という理由が、他の理由に比べてあまりに簡単すぎて、逆に答えてよいものか改めて考えてしま

ったことにあるのではないでしょうか。

でも、「簡単な」、あるいは「原始的な」は、多くの場合、「基本的な」と言い換えられます。つまり、簡単なものには重要なことが多く、簡単だからこそ、おろそかにできないことが多いのです。

最後に③ですが、③が仲間はずれだという人も少ないです。でも、「尖《とが》っているところがある」という他の図形にはない特徴を持っています。

みんな仲間はずれ

問題１-１を解くときに、「数学の問題だから、正解は１つ」と考えた人がいるかもしれません。でも、すべての図形に仲間はずれの理由があり、それらの違う見方が、それぞれ必要になる場面があるのです。

たとえば、不動産関係の仕事をする人にとっては、土地が大きいか小さいかという感覚は大変重要なものですから、①の図形にすぐ着目するでしょう。

一方、デザイン関係に進みたい人にとっては、対称性の感覚はとても大切ですから、②が気になるはずです。

また、③は鉄道の線路を設計するのに必要な感覚です。「４カ所くらい尖っていてもいいじゃないか」という人に線路を設計されたら、かないませんね。線路の設計者は、事故を未然に防ぐために、他に比べて尖っている部分、つまり急カーブに対して感覚が鋭くなるはずです。

さらに、動物園の飼育係にとっては、④は死活問題です。鉄柵《てつさく》があるから平気だなんて、ライオンに「アッカンベー」をしたら、鉄柵の切れ目からライオンが出てきて、ガブリとやられてしまうかもしれないのです。実際には、柵に切れ目があるはずがありません。でも、柵の扉をきちんと閉めたかどうかは、飼育係にとって曲線の切れ目と同じで、最も注意が必要なことです。

線路の設計者とか、動物園の飼育係などは冗談ですが、私たちは、無意識のうちに、日常生活のなかで「仲間はずれ」の感覚を用いています。たとえば、第4章でくわしく解説しますが、手書きの文字を読み取るときに、字の尖っている部分や、くっついている部分で判断することがありますね。

昔、ドイツのF.クライン（ローマ字で書くとKlein、漢字で書くと暗陰？）という数学者が「幾何学（数学と言い換えてもよい）は変換群《へんかんぐん》で決まる」と言いました。「変換群」などという難しい言葉に後ずさりすることはありません。荒っぽく言い換えると、「数学は、許す変形の仕方で決まる」となるのです。「許す変形」とは何かというと、たとえば複雑な図形の面積を計算する場合、面積を変えないような変形を許し、計算しやすいように長方形などの単純な形に変えることです。

分析したいことがらの「本質は何か」を判断し、本質を変えないような変形で、問題を簡単な形にもっていくのが数学の作業なのです。仲間はずれを探す感覚は、本質を探る感覚に直結します。問題を簡単な形にもっていく訓練をすると、問題を早く解決する能力を養うことができます。受験勉強も効率的にできるようになりますし、仕事がテキパキできる社会人になれます。

さきほど、クラインを漢字で「暗陰」と書きましたが、漢字と違って彼は数学を明るくしたのですね。

ではここで、問題1-1の解答を表にしてお見せしておきましょう。

問題1-1の答

いろいろな考え方があり、どれも間違いではない！

仲間はずれの形	① 	② 	③ 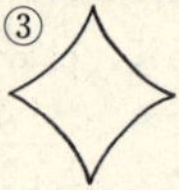	④ 
理由	小さい	線対称でない	尖っている	平面を2つに分けない
その感覚を必要とする職業	不動産業	デザイナー	鉄道の線路の設計者	動物園の飼育係

仲間はずれのチェック項目が必要

答で示した表の「理由」の欄は、次のように考えることができます。ある質問（たとえば「小さいか」という質問）に、あてはまるかどうかをチェックして、あてはまる図形（①だけ小さい）の欄に「理由」として書きました。

従って、チェック項目を基準に考えると、次のように表すこともできます。

図形／チェック項目	① 	② 	③ 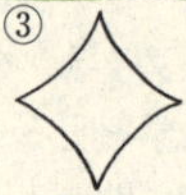	④ 
小さい	○	×	×	×
線対称である	○	×	○	○
尖っている	×	×	○	×
平面を2つに分ける	○	○	○	×

ここでは4つのチェック項目しかあげていませんが、もちろん別のチェック項目もあることを忘れてはいけません。

たとえば、「②が仲間はずれ」と考える場合、4つのチェック項目とは別に、「図形を円弧で作れるか」とチェックする人がいるかもしれません。

次の表を見てください。「線対称かどうか」と「円弧で作れるか」の2つのチェック項目では、同じ図形が仲間はずれになっています。違う内容のチェック項目でも、同じ図形が仲間はずれになることがあるのです。「線対称かどうか」を考えるほうが一般的ですが、コンパス・メーカーの人なら、「円弧で作れるか」を重視するかもしれませんね。

図形／チェック項目	① 	② 	③ 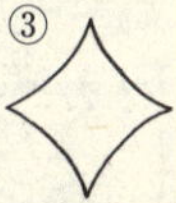	④ 
小さい	○	×	×	×
線対称である	○	×	○	○
尖っている	×	×	○	×
平面を2つに分ける	○	○	○	×
円弧で作れる	○	×	○	○

もちろん、この4つの図形とは異なる図形の組み合わせだったら、「線対称かどうか」と「円弧で作れるか」という2つのチェックによって、違う結果が出てくるでしょう。また、図形が変われば、チェックする内容も変わってくるはずです。

チェックする対象によって、チェックする内容も変わってくるのですね。ですから、現実の問題を考えるときも、「何が問題なのか」、「そのためにどういうチェックをするのが適切か」が大切です。

変えてよいもの、悪いもの

では、実際に、クラインの考え方を使って、問題にチャレンジしてみましょう。

問題1-2

土地の周囲にフェンスを張らなければならなくなりました。長さの単位はmです。フェンスの長さは何mになるでしょうか。

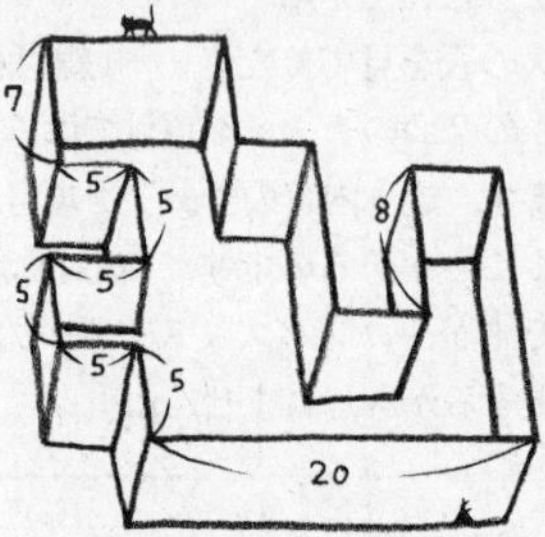

長さの情報は全部そろっているでしょうか？　なんとなく、8mの辺の左向かい側の辺についても、情報がほしい感じがしますね。もし、どうしても必要だと思ったら、とりあえず、x、y、zなどと置いて計算してみてください。うまい方法が見つからなくても計算にかかれる、これが文字式のよいところ。でも、「x、y、zで解けるから、それ以上考えなくてもいい」とするなら、文字式は便利ですが思考を止めてしまう困りものになってしまいます。

さて、ともかく計算してみると、最後にはきっと文字が消えてしまうでしょう。そこで、少し考えてください。

「消えてしまうなら、もしかしたら最初から使わなくて済むはずだったのではないか？」と。

問題1-2の解き方❶

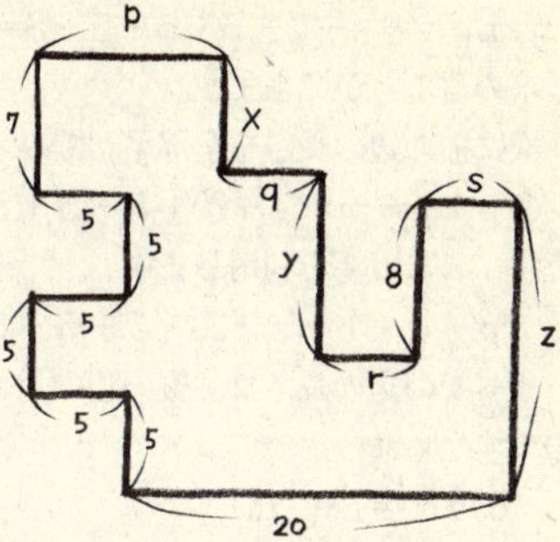

土地を真上から見ると、図のようになりますね。ここで、長さがわかっていない辺をそれぞれp、q、r、s、x、y、zとおきます。図の縦の長さは、

$$7+5+5+5=22$$

ですから、

$$x+y-8+z=22$$

と表すことができますね。左辺を文字式だけで表すと、

$$x+y+z=30$$ ……①

になります。

一方、図の横の長さは、

$$20+5=25$$

ですから、

$$p+q+r+s=25$$ ……②

と表すことができます。

では、今度はすべての辺の長さに着目してみましょう。まず、縦の辺の長さを全部足してみると、

$$x+y+z+7+5+5+5+8$$

となりますね。ここで①を利用すると、

$$x+y+z+7+5+5+5+8=30+7+5+5+5+8=60$$

と求めることができます。

次に横の辺の長さを全部足してみると、

$$p+q+r+s+20+5+5+5$$

です。ここで②を利用します。

$$p+q+r+s+20+5+5+5=25+20+5+5+5=60$$

すべての辺の長さは、縦の辺の長さと横の辺の長さを足したものですから、

$$60+60=120\ (\mathrm{m})$$

と求めることができます。

問題1-2の答　フェンスの長さは120m

以上は、文字式を使って解く方法でした。では、クラインの方法を使って解くと、どうなるでしょう。次に別解の考え方のヒントを出します。

問題1-2の別解のヒント

クラインの言いつけに従えば、どうなるでしょうか？

不動産屋さんでアルバイトをして、フェンスを張ることになったつもりになってください。さきほど不動産屋さんは、面積に最も鋭敏な感覚が必要だと言いました。でも、この問題はちょっと

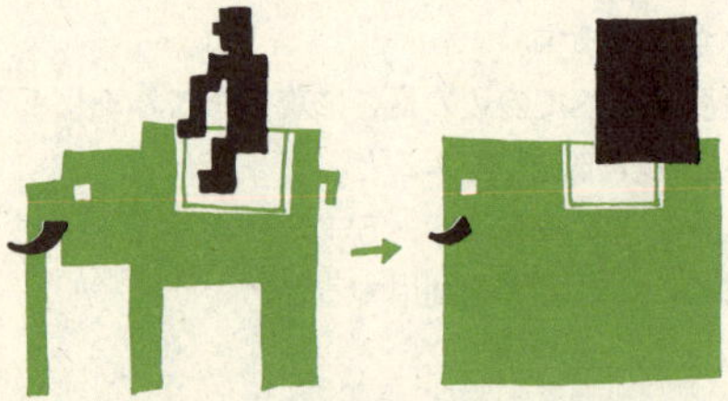

違いますね。周りの長さだけが問われています。ですから、心を鬼にして、面積はどうなってもいいと考えましょう。そして、長さだけを変えずにわかりやすい図形に変形します。

たとえば、次のような変形例が考えられます。

長さを変えない変形例
まだあるよ!
考えてみよう。

変形例①
左のような図形を四角形に変形しても長さは同じ

変形例②
へこんでいる部分を外側に出しても長さは同じ

変形例③
図形の一部を反転しても長さは同じ

①〜③の変形例を駆使して、わかりやすい図形に変形してみましょう。「長さがわかりやすい図形」というのは、正方形、長方形、正三角形、円などですね。

問題1-2の解き方❷

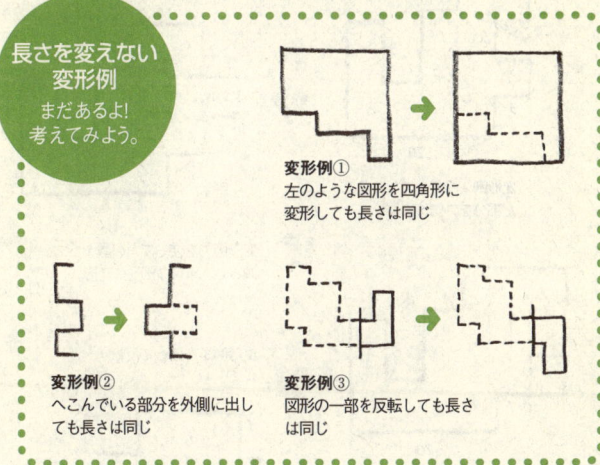

まず、変形例②を使って、左側の5ｍへこんでいる部分を外側に出します。次に、変形例①を使って、左側の辺を見やすくしましょう（ここは省略してもよい)。さらに、変形例③を使って、右側の8ｍぶん上に飛び出ている部分を下へ移動します。最後

に、もう一度、変形例①を使って、正方形にしてしまいます。

結果的に、一辺の長さが30mの正方形になります。よって、全体のフェンスの長さは30×4＝120（m）ですね。

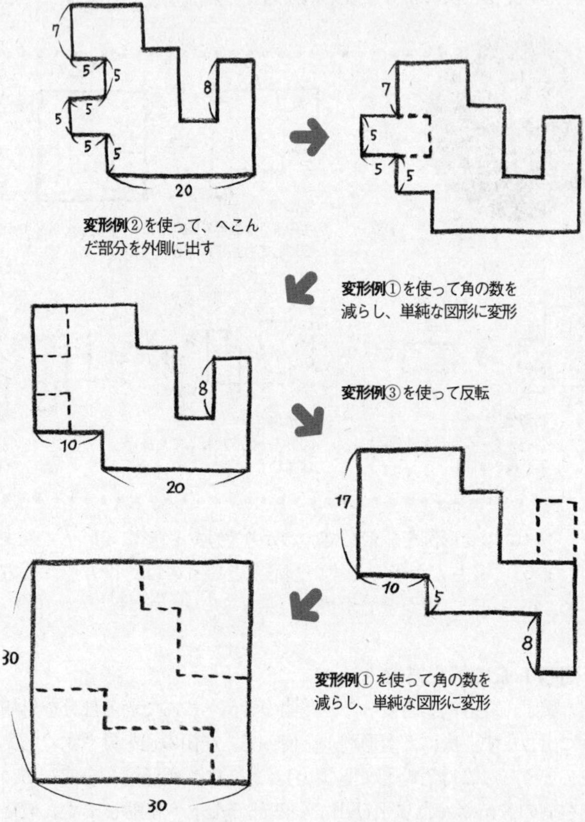

数学嫌いがひっかかる罠《わな》

土地の面積は、この変形でおそらく２倍以上に膨れ上がったでしょう。でも、境界線の長さだけが問題でしたから、変形するにあたって面積を考える必要はまったくなかったのです。

数学が苦手な人は、このような場合でも、面積が気になって仕方がないですね。でも、問題の本質は何か、だけを探ってください。不動産屋さんを志望していても（不動産屋さんこそ、土地の境界線に縄を張ったりフェンスを作ったりする必要があるのです)、問題１-２では、面積をすっぱり忘れる必要があるのです。

さあ、あなたは、次の問題を面積をすっぱり忘れて解くことができますか？

問題1-3

周の長さを求めましょう。長さの単位はmです。一部、長さがわからない辺もあります。２つの辺ではさまれた角は、それぞれ60°とします。

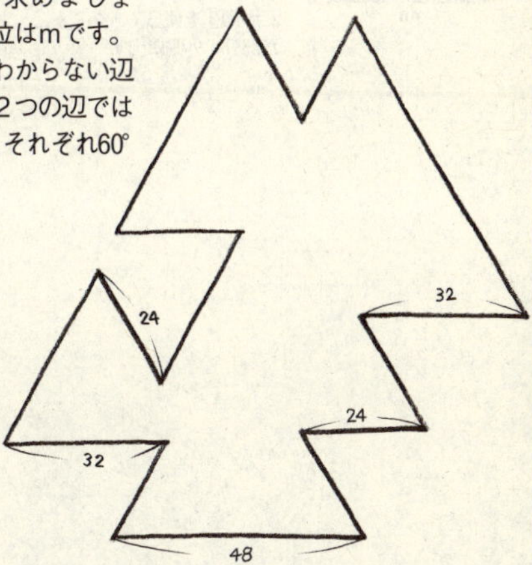

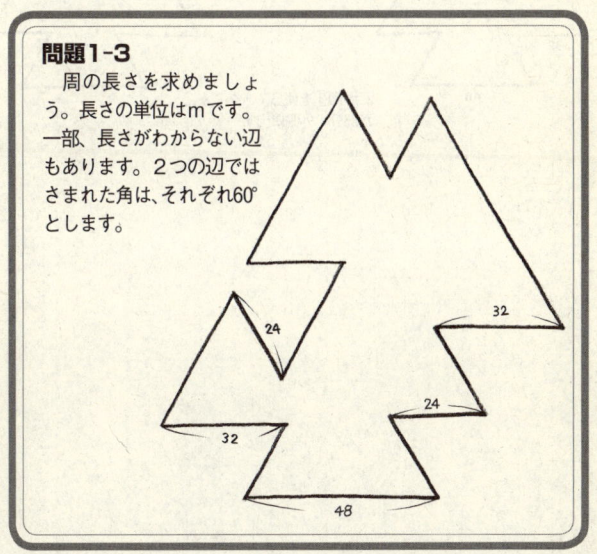

問題1-3の解き方

問題１－２と同じ考え方を使って、正三角形に変形します。図の①、②の番号は、問題１－２で使った変形例に準じてつけてあります。一辺が160mの正三角形になりますから、長さは160×3＝480（m）であることがわかりますね。

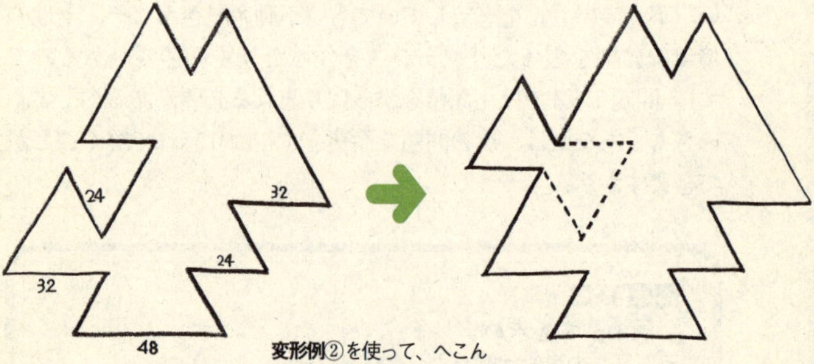

変形例②を使って、へこんだ部分を外側に出す

変形例①を使って角の数を減らし、単純な図形に変形

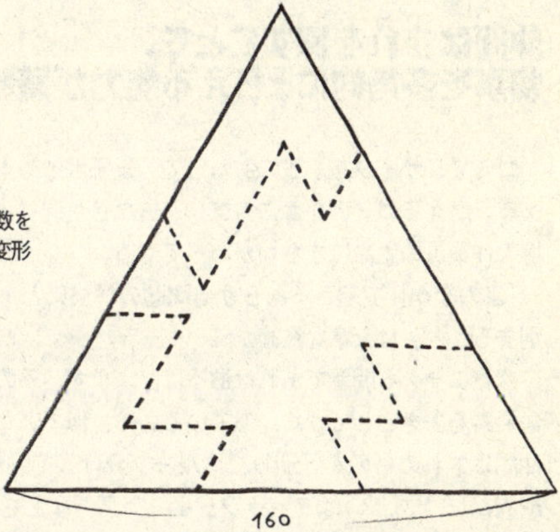

問題1-3の答

周の長さは480m

岡部

区別する技術

仲間はずれを探すことで、物事を多角的にとらえる能力が養われる！

ゴミをリサイクルするにあたって、まずポイントになるのが分別である。燃えるゴミのなかにスプレー缶などが混じっていると、処理工場の作業員の生命にすらかかわってくる。

［よのなか］で起こるあらゆる問題の解決にとって、はじめに「区別すること」は大事な技術だ。

複雑に見える問題であればあるほど、まず、その問題に関係しそうな要素を書き出してから、似ているもの、似て非なるもの、明らかに仲間はずれのものを区別し、グループ分けして眺めてみる。KJ法[*1]やNM法[*2]あるいはフィッシュボーン図[*3]などを使って相互の関連性を明らかにし、どのポイントをつくのがいちばん有効か、解決への優先順位を決める。そうして、収集したデータをコンピュータ・シミュレーションにかけて選んだ解決法の効果のほどを、あらかじめ予測することもある。

KJ法

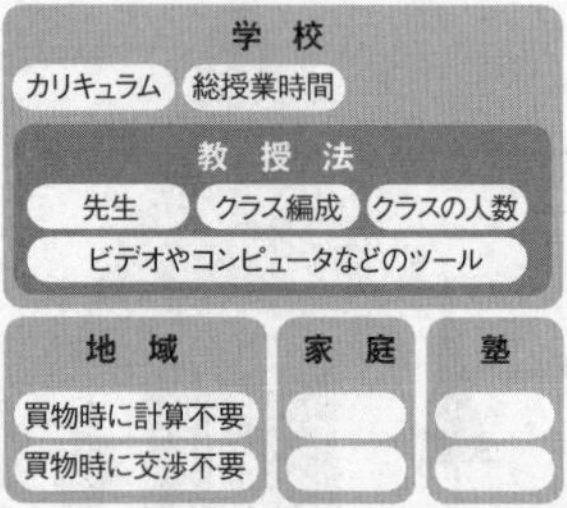

フィッシュボーン図

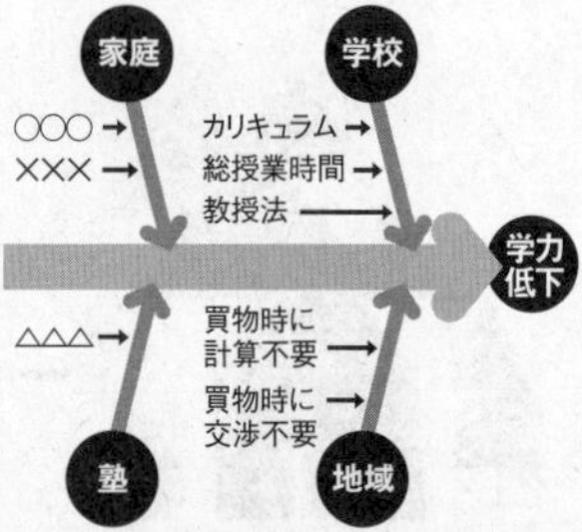

しかし、あとからどんな複雑な分析をするにしても、最初のアプローチは、頭のなかで勘を働かせて、問題の在《あ》り処《か》を「区別する」ことにかわりはない。

どれとどれが仲間なのか。どれは仲間はずれなのか。

問題点の関わっている項目をあげてみる

たとえば、「教育問題」のなかに、この数年マスコミを賑《にぎ》わせている「子どもたちの学力低下問題」がある。

もし、読者が文部科学大臣から「学力低下問題」の原因を探り、その解決法を諮問されたとしたら、はじめにどんなアプローチを採るだろうか。

「全体的な子どもたちの学力低下」ではボワッとし過ぎていて、切り口の見つけようがないから、「小学生の算数の学力低下」に絞って考えてみよう。

このとき、「小学生の算数の学力低下」は「大学生の数学力の低下」(『分数ができない大学生』(東洋経済新報社)というのがずいぶん話題になったが)と、どの程度仲間なのか。つまり、関連性が深いのか。はたまた仲間はずれなのか。また、「小学生の算数の学力低下」は「小学生の国語の学力低下」と仲間なのか、それとも、仲間はずれなのかも考えられてよい。

次に、「小学生の算数の学力低下」問題へのアプローチとして、学校、家庭、塾など、子どもたちを取り巻く社会システムのなかで、どんな問題があるのか、関係ありそうな場所を列挙して、それぞれの場所での解決の糸口を探る方法もあるだろう。

まず、「学校」「家庭」「塾」「地域社会」……という大項目があげられ、「学校」という大項目の配下には中項目の枝分かれ、すなわち「カリキュラム」「(算数の)総授業時間」「教授法」……などがつながってゆく。さらに、中項目の「教授法」の配下には、「先生」「クラスの人数」「クラス編成」「ビデオやコンピュータなどのツール」……などと小項目が並ぶ。これらの小項目のそれぞれについて、「小学生算数」、「小学生国語」、「中学生数学」……「大学生数学」で問題があるかどうかをチェックしてみる。それで仲間である項目は、1つの施策で同時に解決することも可能だし、仲間はずれになる項目については、どちらの解決を優先するかを考えなければならない。

こうして考えを深めていくと、解決の糸口が小項目の先に見えてくる（ここからの理由は、仮定の話として読んでほしい）。

たとえば、「1クラスの人数を減らす」のは、すべての項目に効果的だから、教師を増やし、「それでも学校で足りない教師パワーは塾の講師から調達する」という案があるかもしれない。また、算数などの科目では、「苦手な子どもには1つの課題を教授するのに時間を多く配分する習熟度別の編成」が有効かもしれないが、国語や社会では違うかもしれない。「大学生」との比較では、「学力低下」が学校の教科書や授業時間の問題のほかにも理由がありそうだということにも気づく。

「算数の学力低下」が「国語の学力低下」と仲間である理由の1つに、子どもたちを取り巻く身近な社会全体がコンビニ化、自動販売機化していることも考えられるだろう。

つまり、お金さえあれば黙って買える世界が広がっている。実際、スーパーでも、ゲーム屋でも、ビデオショップでも、その場で計算したり、値段交渉する必要はまったくなくなった。だから、計算力の低下は、地域社会でのコミュニケーション自体の退化とも密接に関連しているというわけだ。

仲間か仲間じゃないか、それが問題だ

この章で、岡部先生が強調しているのは、**「仲間か」「仲間じゃないか」というのは視点を変えれば変化するという、柔らか頭の必要性**

だ。また、「仲間はずれ」というと、「無視してもよい存在」と思われがちだが、それは間違いである。

たとえば、あなたの目の前に、男の子を連れた母親とビジネスマン風の男性、計３人が立っていたとする。

客観的にこれを分類しようとすれば「男性2人＋女性1人」（女性が仲間はずれ）、または「大人2人＋子ども1人」（男の子が仲間はずれ）の組み合わせになる。

ところがこれを、マクドナルドのマーケッターが見れば「（仲間はずれとみなせる）男の子がリードして、母親と、その関係者かもしれない男性をまとめて３人店に連れて来てくれるかもしれない潜在的な客の集団」に映るだろう。だから、マックにとっては、子どもが問題解決（売り上げアップ）の鍵《かぎ》になり、ディズニーなどと提携したキャンペーンを展開する動機になる。また、店舗によっては、店の横に子ども用の遊具が置いてある理由も鮮明になる。子どもはいつも、大人の胃袋を連れて来てくれるお得意様だ。

タバコ会社にとっては大人の男性だけが「仲間」で、親子は「仲間」じゃない。小説家なら、この女性と男性の間にどんな関係があるかに関心を持ち、不倫の匂いを嗅《か》ぐかもしれない。さらに、３人を眺める第三者ではなく、子ども、母親、男性と、それぞれ本人の視点から見れば、「仲間か」「仲間じゃないか」はダイナミックに変化する。男の子にとっては母親より、実は塾の先生である男性が「仲間」だったりすることもあるからだ。

このように、仲間はずれかどうかを考えることで、物事を多角的に見ることができるようになる。物事をいろいろな方向から眺める技術は、問題を解決する場合にも、新しい商品を開発する場合にも役立つに違いない。

数学でさえも、答は、1つとは限らないのだ。

藤原

*1　**KJ法**—ある問題に対して関連する情報をすべて洗い出し、それらの情報をグループ化して整理することで、問題解決の糸口を見出す発想法。情報を整理する際には、まず小グループ化し、それらを中グループ、大グループに分け、「仲間か」「仲間じゃないか」を区別していく。考案者の川喜田二郎氏のイニシャルを取って、KJ法と呼ばれる。

*2　**NM法**—ある問題に対してキーワードを決め、キーワードから連想できる物事を洗い出す。さらに洗い出した物事の背景をリストアップし、背景を手がかりに問題解決の糸口を見出す発想法。考案者の中山正和氏のイニシャルを取って、NM法と呼ばれる。

*3　**フィッシュボーン図**—ある結果が導き出された原因を洗い出し、それらを図式化して整理することで、主な原因が何だったかを明確にするための図。魚の骨のようなかっこうをしているため、フィッシュボーン図と呼ばれる。

第2章

Chapter 2

ウ○コはみ出しの法則

直感で面積を計算する裏ワザ

第１章では、本質を見抜けば、問題が早期解決できる例を取り上げました。第２章では、見抜いた基本原則を応用することにより、世の中のいろいろな現象や動きに対する見方が深まることを学びます。言い換えれば、原則の応用が多彩になる、ということです。

問題2-1

友人が、ある土地を塀で囲って、図のような形の菜園を作りたいと言っています。そこで出てきた案は、形が同じで方向だけが逆の第１案と第２案です。どちらも甲乙つけがたいので、南側の壁から北側に２ｍの長さの影ができたとき、日影になる面積が小さいほうに決めることにしました。

日影になる面積が小さいのは、第１案と第２案のどちらでしょう。また、日影になる面積は何m^2になるでしょうか。

なお、塀の高さは一定で、境界線のどの点からも北側に２ｍの長さの影ができるものとしてください。また、ＡＥは半円です。

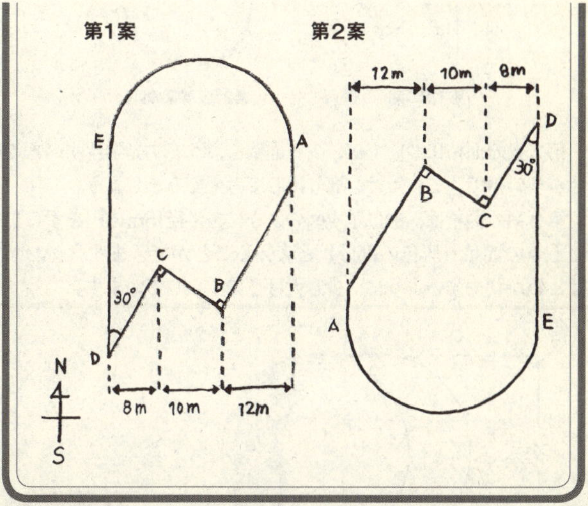

問題2-1の解き方

この問題を普通に解くと次のようになります。

日影になる部分は、それぞれ次ページの図のとおりになりますね。まず、第1案の日影の面積から考えてみましょう。よく見ると、3つの平行四辺形の面積の和であることがわかります。

ですから、答は、

$$(12\times 2)+(10\times 2)+(8\times 2)=60$$

となり、日影の面積は$60m^2$です。

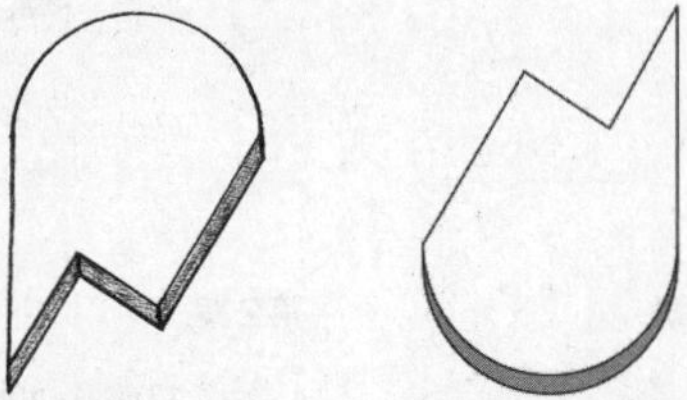

第１案の菜園の日影　　第２案の菜園の日影

第２案の面積については、少し面倒なようです。学習すべきことが多いので、これだけを取り出して考えてみましょう。

第２案の面積は、次に示す図のように、半径15mの円をずらしたときの面積（灰色の部分）と考えることができます。なお図は、わかりやすいように、少し大げさにずらしています。

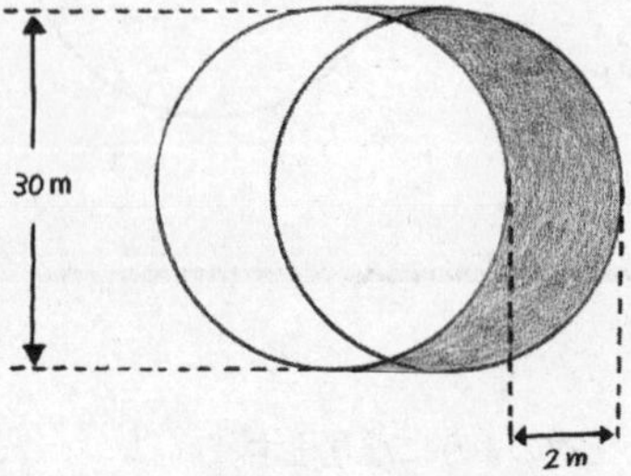

これなら解き方が工夫できそうですね。いろいろなアイディアを出してみてください。

どうでしたか？　さまざまな解き方のなかでも、解き方❶は比較的きれいなものだと思います。

第2案の菜園の面積の解き方❶

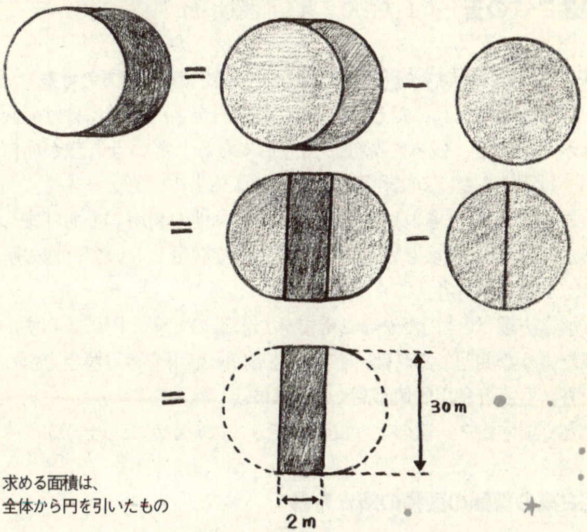

求める面積は、
全体から円を引いたもの

求める面積は、30m×２mの長方形です。よって、第１案も第２案も、菜園内にできる日影の面積は60m²で、同じということがわかります。結局、日影の面積では決められません。

問題2-1の答　第１案も第２案も面積は60m²

きれいな答は好きですか？——第2案の解き方の考察

解き方❶がきれいだと感じるのは、「円を半円ずつに分けて両端から引くと、残った部分が長方形になる」という着想が面白く、対称性をたくみに利用したことによるものでしょう。

ここで私は、「きれい」の理由に「対称性の利用」をあげましたが、「答が出た。しかもきれいだ！」で満足しないで、他の解き方がないかも考えてください。

解き方❶は、「円だからこそできた」ものです。円に限らず、似たような問題であれば、どんな図形でも応用できる解き方だったら、もっと利用価値が高くなります。

どうですか？　次のように考えてみてはいかがでしょうか。

第2案の菜園の面積の解き方❷

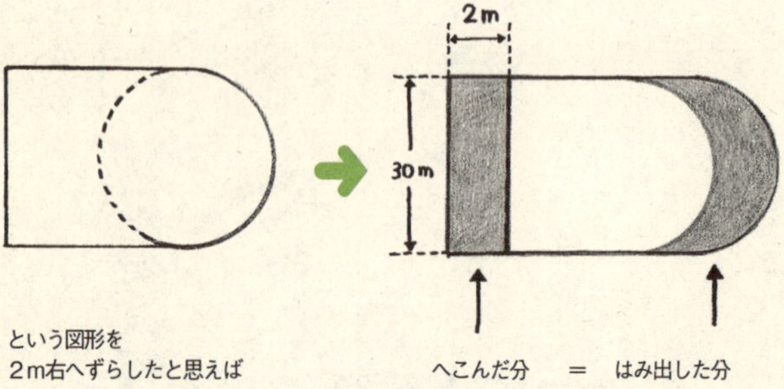
2m
30m
という図形を
2m右へずらしたと思えば
へこんだ分　＝　はみ出した分

解き方❷でも、出てくる答に変わりはありません。でも、応用範囲に少し違いがあることがわかります。次の問題でも応用できますよ。図をそれぞれ下へ2mずつずらしてください。このとき、それぞれのへこんだ部分と、はみ出した部分の面積は等しくなります。

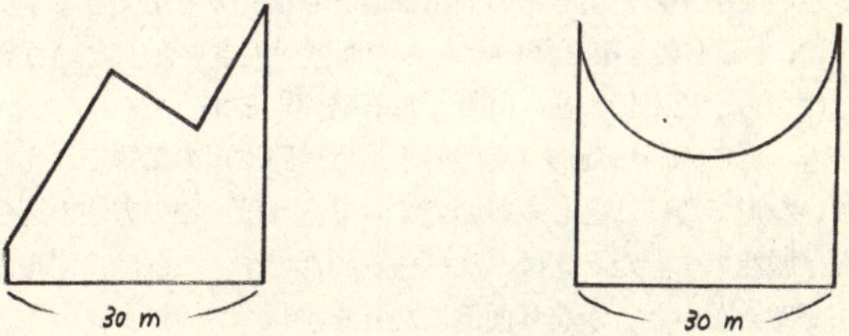

図形を2m下へずらしてみると

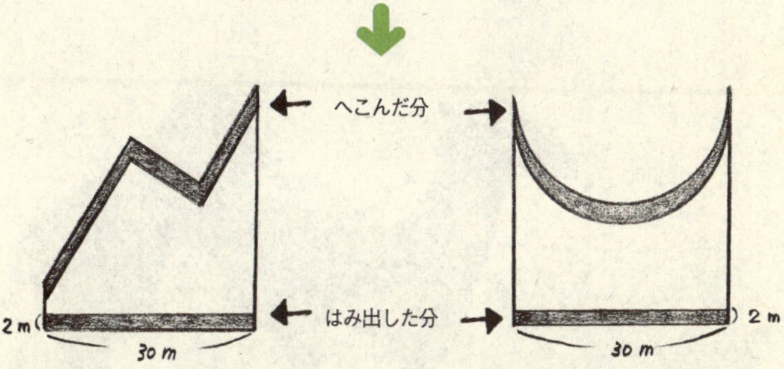

両方とも2×30=60（m²）で面積は等しい

図を２mずつずらしてみたら、なんと、どちらもはみ出した部分の面積が等しくなりました。

解き方❷を使うと、第１案の面積を求めるときに、３つの平行四辺形の和（12×２＋10×２＋８×２）を計算する必要がなく、いきなり、長さの和（12＋10＋８＝30）を用いて、30×２と求めることができます。

また、どちらも２ｍずらしているので、はみ出した部分の幅が等しいですから、第２案の面積は計算しなくても出てきます。さらに、「第１案と第２案のどちらの面積が大きいか」という質問だけなら、12＋10＋８の計算すら省略できます。

もっとこみいった形（実際の土地は道路や川の影響でこんなきれいな形でないことも多いのです）であれば、この方法のメリットは歴然です。たとえば、次ページの形です。これは、ずらす方法で考えないと、かなり面倒になりますね。

問題2-2

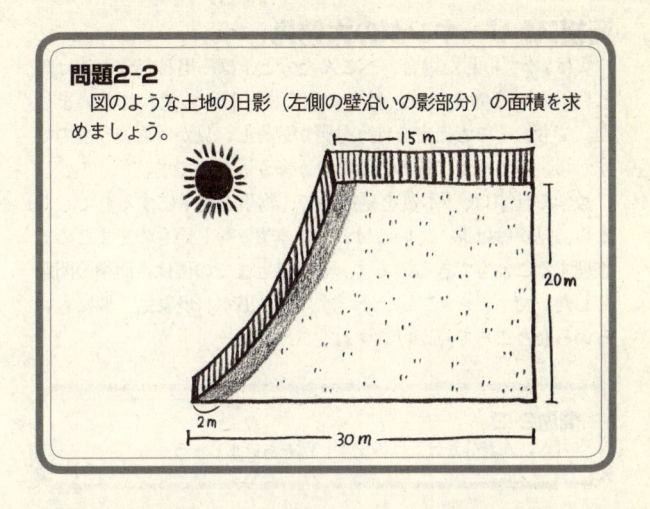

図のような土地の日影（左側の壁沿いの影部分）の面積を求めましょう。

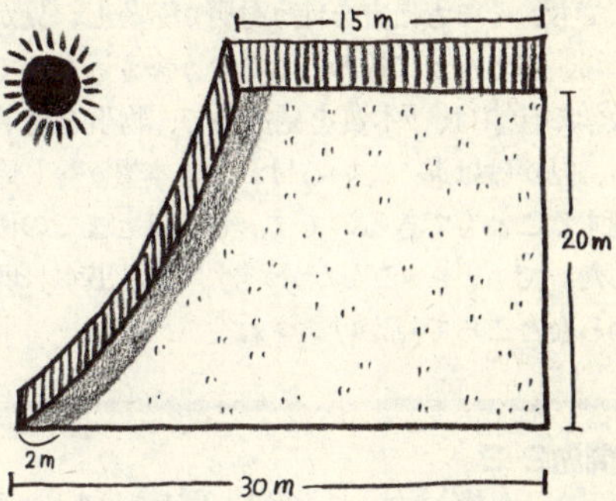

問題2-2の解き方

図のように、右へ2mずらせば簡単ですね。はみ出した分の面積は、2×20（m^2）と簡単に求められます。

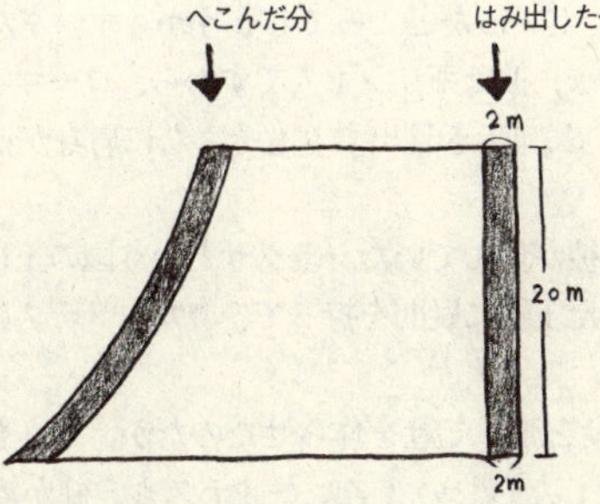

問題2-2の答　日影の面積は$40m^2$

元祖ストリーキングの大発見

実は、「ずらした場合、へこんだ分と、はみ出した分の値は等しい」という考え方は、数学に限らず、昔から使われていました。でも、その考え方を使う分野が違うし、見かけも違うものですから、バラバラに扱われることが多かったのです。

数学の仕事は、「本質を見抜いて、物事を簡単にする」でしたから、見かけは違っているけれど、本質が等しいものをまとめて整理することもできるのです。さきほどまでの例は、面積の問題でした。でも、「へこんだ分だけ、はみ出す」現象は、他にもいろいろなところで見かけますね。

問題2-3

「へこんだ分だけ、はみ出す」例をあげましょう。

昔からと言いましたが、かなり昔の逸話から始めます。紀元前３世紀、ギリシャにアルキメデスという数学者がいました。彼は、ローマ字で書くと「Archimedes」ですが、日本語で書くと「歩き目出す」といったところでしょうか。ずいぶん妙な感じがしますが、本来、彼はギリシャ人ですから、ローマ字のつづりも当て字なわけで、「歩き目出す」もそんなに肩身が狭いわけではありません。

あるとき、彼が住んでいたシラクサという国の王様が、金の細工師に作らせた王冠に疑問を持って、アルキメデスに相談しました。

「細工師に金を渡して冠《かんむり》を作らせたのだが、どうも金を減らして、混ぜ物をしたらしい。アルキメデスよ、確かめてくれないか」

この相談に対して、アルキメデスは、

「金に混ぜ物をすると、比重（重さ÷体積から計算できる）が下がるはずだ。王冠の重さは秤《はかり》を使えばすぐ出せるけれど、体積を調べるには王冠を溶かさないとダメかな。でも王冠を溶かすと、せっかくの金細工が失われてしまう」

と、悩んでいたそうです。そんなある日、彼が湯船に浸《つ》かろうとして体を入れたとたん、お湯があふれ出ました。アルキメデスは、それを見て、「湯船に入った体積の分だけ、お湯があふれ出る。これだ！」と気がついたのです。そうです。ギリギリまで水を張った入れ物に王冠を入れて、流れ出た水の量を量れば、王冠の体積を求めることができます。

これが、「へこんだ分だけ、はみ出す原理」が効果的に使われた最初の例です。

この逸話には、続きがあります。あまりにもうれしくなったアルキメデスは、そのまま「エウレカ（やったぁ）！　エウレカ！」と叫びながら、町の通りに飛び出して行きました。彼は、自分が湯船に入りかけていたことも忘れて、大通りを走り回ったのです。彼こそストリーキング（裸で走り回ること）の元祖でもあるわけです。ですから、最初に彼の名の日本語表記を「歩き目出す」と書きましたが、「歩き」でなく「走り」で、目を出したのではなく〇〇〇を出して走った！……おっと、テキストとして不適切になりそうですので、あとは自分で「類推」（数学ではこれが大切）してください。

ダイエットと競馬の深い数学関係

「へこんだ分だけ、はみ出す原理」は、他にも物理学などで日常的に見られるものです。たとえば、キルヒホッフの電流の法則というのは、回路がどんなに複雑であろうとも、「電流は入ってきた分だけ出る」というものです。また、位置エネルギーが減った分だけ運動エネルギーが増えるというのも、この原理ですね。

ゼロサムゲーム（参加者全体でトータルすると得失がゼロになるゲームや取引）では、儲《もう》かる（はみ出る）人がいるということは、損をする（へこむ）人もいるということです。競馬やパチンコの必勝本などを読んで、必ず勝てるなどと考えるのは間違っていることがわかりますね。なぜなら、本を読んで誰もが勝てるのなら、負ける人がいなくなるからです。株を投機の対象と見ると、同じことが言えます。バブルの時期、「誰もが株で儲かる」と言われたことがありました。でも、ゼロサムですから、バブルが弾《はじ》けて損をした人がたくさん出ました（売買手数料とか、儲かったときの税金などで、トータルするとマイナスになります）。ダイエット法にも、この原理が使えます。太らないために、食べた分だけ出せばよいわけです。簡単ですね。えっ、出すのは簡単ではない？　そこで、強制的に外へ出す方法もあります。それが、「浣腸ダイエット」です。

そういうわけで、「へこんだ分だけ、はみ出す原理」を、私は「ウンコはみ出しの法則」と名付けたのですが、数学会ではこの名前をまだ認知してくれないようです。「水戸の黄門学会なら認知して

くれるかも」と言う人もいますが、少し臭そうですし……。

数学会では、「へこんだ分だけ、はみ出す原理」を「カヴァリエリの原理」と呼んでいるようです。ただ、「カヴァリエリの原理」という硬い名前からは、浣腸ダイエットや競馬の理論などは絶対思いつかないでしょう。ネーミングも大切だと思うのですが。

カヴァリエリの原理≠ウンコはみ出しの法則

正確に言い直すと、「カヴァリエリの原理」と「ウンコはみ出しの法則」は全く同じではありません。ここで、大変役に立つ「カヴァリエリの原理」を解説しておきましょう。

下の図のように、きちんとならんでいる薄紙を少し波立たせても、体積自体は変わりませんね。逆に、右側の立体の体積を求めるためには、第1章で学習したクラインのテーゼにしたがって、左側のきちんと並んだ立体（つまり直方体）に変形すれば、簡単に計算できます。

すなわち、「立体を薄く切って適当にずらして並べても、体積は変わらない」ということです。2つの異なる形をした立体でも、薄く切ったときに、切断された部分の体積がそれぞれ等しければ、2つの立体の体積も等しくなります。さらに言い換えると、「切り口の面積が等しく、積み重ねたときの高さも等しければ、その2つの立体の体積は等しい」となります。

平面図形の面積についても同じで、「切断された線分の長さがそれぞれ等しく、合わせたときの幅も等しければ、その2つの図形の面積は等しい」と言えます。

日曜大工品を扱う店では、平面図形におけるカヴァリエリの原理を利用した道具が置いてあります。型取りゲージと呼ばれている道具で、型取りがしにくい場所にカーペットなどを敷くときに使われます。パイプが出ているところなど、でこぼこの場所に型取りゲージを置くと、ゲージが曲線に沿って変形するので、そのカーブに合わせてカーペットを切ることができるのです。

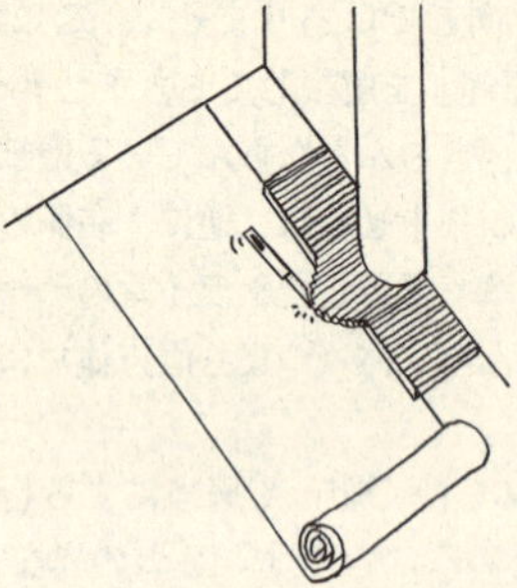

念のために申し添えておきますが、カヴァリエリの原理の例として、直方体を薄く切ってずらしたものと、長方形を薄く切ってずらしたものをお見せしました。しかし、カヴァリエリの原理は、もっと複雑な形をした立体や平面図形でも成り立ちます。たとえば、次の図の面積は左右同じですね。

面積の場合も、ずらしても面積は変わらない

逆に「ウンコはみ出しの法則」は、法則を用いた結果、図形が長方形や直方体になるような場合にのみ成り立ちます。ですから、カヴァリエリの原理のほうが一般的なのです。でも、自然現象や社会の問題をわかりやすくするのは、「ウンコはみ出しの法則」のほうだと思います。

さて、問題2-1を、カヴァリエリの原理を使って解説すると、次の図のようになります。考え方は、ずらす方法と同じです。面積を求めたい部分を、細かく切って平らに並べると、第1案も第2案も同じ面積の長方形になります。

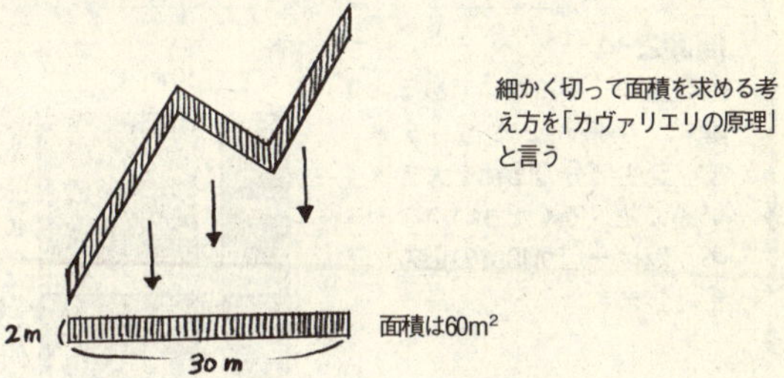

細かく切って面積を求める考え方を「カヴァリエリの原理」と言う

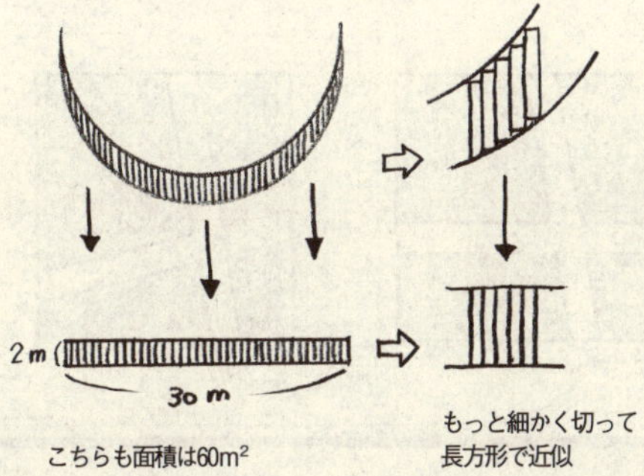

とびっきり基本的な難問に挑戦

本章では、面積を簡単に計算する方法の１つを取り上げてきました。クラインの方法に従って、面積を変えずに図の形だけを計算しやすいように変形していったのですね。

そのなかでも、とびっきり基本的な変形であるにもかかわらず、かなり間違えやすい問題を最後にあげておきます。ある新聞の小学生向けの欄に出題したことがあるのですが、何人もの方（もちろん成人の方です）から、「答が違うのではないか」と指摘されて、思わず計算しなおしたくらいの問題です。

問題2-4

芝生が一面に敷いてある庭に、小道が２本あります。芝生部分の面積を大きい順に並べてください。なお、庭は一辺が10mの正方形とします。

①

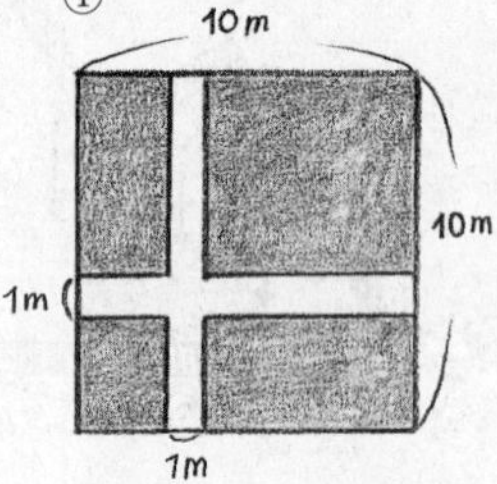

②

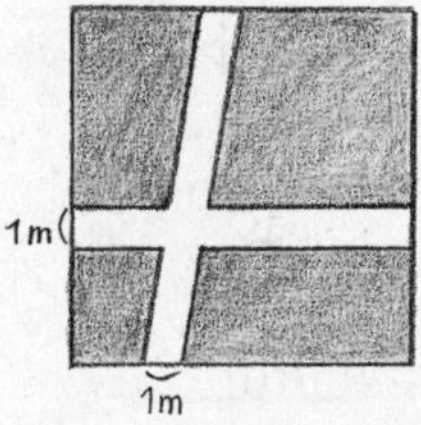

③

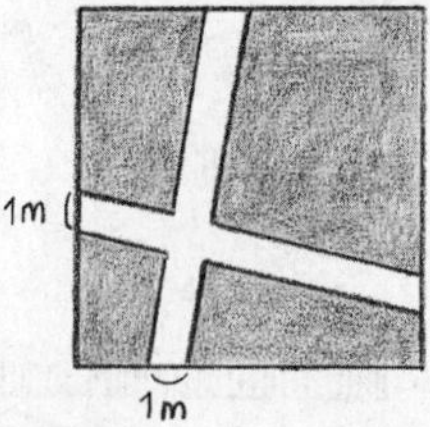

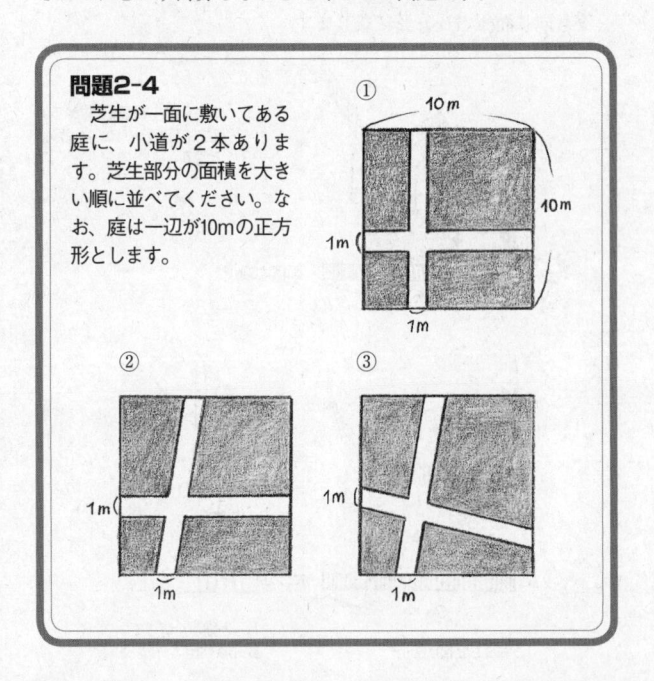

問題2-4の解き方

①と②は、簡単に答（$81m^2$）が出てきますね。でも、全体の面積（$10\times10m^2$）から小道の面積（$1\times10m^2$）を２本分引いて、最後に小道が交差している部分の面積（$1\times1m^2$）を加える方法は、少し面倒ですよ。この問題では、面積を変えない変形のうち、最も基本的な「寄せる」という方法を使うと、らくなのです。

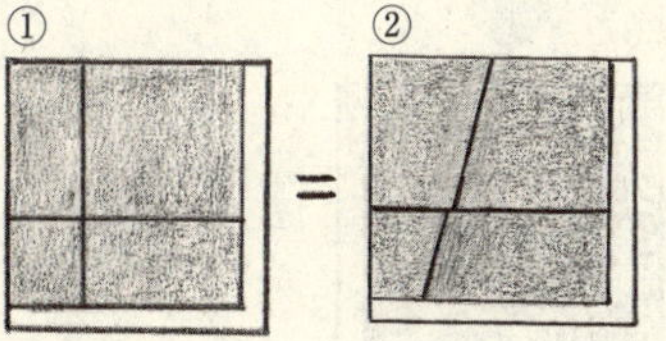

すき間を寄せると面積が簡単に求められる

それならば、③も同じだろうと思いがちですが、違います。②で、小道を寄せると、上の図のように、線と線がくっつく箇所が段差になることに気づいたでしょうか？　③では、小道を寄せたときに、この段差部分で矛盾が発生するのです。

では、実際に②と③を比べてみましょう。比べるときには、交差している部分のようすに注目して比較しなければなりません。次ページの図を見てください。③の交差している部分のところでは、寄せてみると、小さな平行四辺形の穴ができてしまいます。よって、③より、②の芝生の面積のほうが大きいですね。この穴はものすごく小さいので、「同じ面積」と答えた方も、あまり気を落とさないで下さい。ただ、気づきにくい穴には注意しましょう。

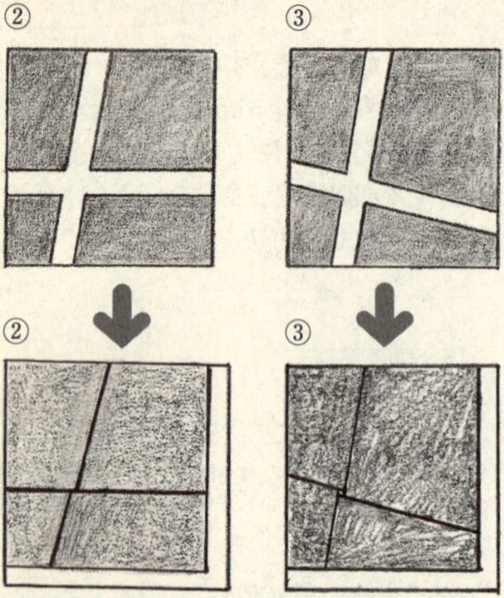

②はピタッとおさまるが、③の真ん中に小さな穴ができる

問題2-4の答

①の面積＝②の面積＞③の面積

岡部

寄せる技術

カヴァリエリの原理にヒントを得て、快適な住まいの本質を探る！

日本の人口密度の高さは、しばしば「アメリカのおよそ25分の1の国土に、アメリカの総人口の半分の1億2000万人が生活する」ことで示される。東京圏でいえば、約3000万人が暮らし仕事をする、人類の歴史始まって以来、古代ローマでもニューヨークでも経験したことのない超過密都市なのである。

だからかもしれないが、日本人は伝統的に「空間の有効利用」に長《た》けている。たとえば古来、和室は食堂でもあり、居間でもあり、寝室でもあり、ときには勉強部屋でさえあった。夕食後、ちゃぶ台を片づけてできた空間（へこむ）に、布団を敷いて寝る（はみ出す）という具合に。

もっとも最近は住居のつくりが欧米化してきており、必ずしも1つの部屋を使いまわすわけではない。そこで、最近の住宅事情について触れてみたいと思う。岡部先生がこの章で提示した「ウンコはみ出しの法則」と「カヴァリエリの原理」から直感（インスピレーション）を受けて考えてみたいのは、「住空間におけるスペースの有効利用」の話だ。

この感覚は、住関連の商品開発においても、自分自身が快適に住まうための知恵という意味でも、問題解決への大切な技術になる。

キッチンのスペースと皿洗い機の関係

皿洗い機（食洗機）が売れている。

台所の狭いスペースにも置ける便利なシロモノだ。やがて、電子レンジと同じようにキッチンの定番商品になるかもしれない。

私も欧州に暮らした２年半の間にすっかり食洗機の便利さに慣れ、日本ではどうして一家に１台の普及を見せないのか不思議に思っていた。だから、家を新築したとき、初めから食洗機がセットされたシステムキッチンを入れることにした。

ただし、欧米のように普及しなかったのには、日本独特の理由もある。

まず、日本の家庭料理は欧米のそれよりバリエーションが豊富で、日本料理、中華料理、西洋料理と多彩だから、多種多様な皿を使う。寿司料理でいえば、寿司を載せる大皿に、個別の取り皿、しょう油皿、つき出しや酢の物を入れるやや腰高の器などだ。それに徳利やおちょうしも付くかもしれない。欧米の家庭では、これほど多様な皿の使い分けはしないから、３種類くらいの大きさの平皿と２種類くらいのグラスが収容できる大型の食洗機があれば、一家の食事の後片づけが一気にできる。対して、日本の食洗機メーカーは、腰高の器や微妙にゆがんだ焼き物の器をどのように収納し、どのようにお湯をかけたら汚れが落ちるか、独特な方法を模索してきたはずだ。

また、国によっては、朝や昼には火を入れない食事をとることも多い。ハムやチーズを切ってパンと一緒に食したり、コーンフレークに牛乳をかけるだけだったり。皿に油や汁がこびりつかなければ洗うのも簡単だが、日本ではチャーハンやカレー、焼鳥や焼肉のようなタレもの、油ものが人気メニューだから、汚れは激しい。

さらに、スペースの問題があることは言うまでもないだろう。

我が家では、キッチンのシンクの左横に、上からフタを開けて、サッと予備洗いした皿たちを次々放り込めるトップオープンタイプの食洗機を入れたのだが、これはどうして優れ物だ。食洗機が前の食事で使った皿を洗っている間にも、閉まっている上部のフタの上にまな板を置き、次の料理の下準備ができる。シンク横での上下の出し入れは、フロントオープンタイプの食洗機（前面の扉を開けて、前から食器を入れていくタイプ）の出し入れと比べて、はるかに楽で理にかなっている。

台所における**「へこんだ部分、はみ出した部分」の利用を考えぬいた知恵**を感じる。

コーポラティブという知恵

日本の家屋における「引き戸」や「襖」や「障子」の知恵は、１つ１つは狭く区切られた空間を、時につなげて広く使ったり、客人が来たときには区切って客間にしたりと、柔軟な空間利用を可能にする知恵だった（このへんの知恵を現代の家づくりに生かす方法については拙著『人生の教科書［家づくり］』（ちくま文庫）に詳しいので、併せて参考にしてください）。

そうした、空間のへこんだ部分、はみ出した部分を共有化する知恵を、集合住宅にも延長して応用したのが、コーポラティブという技術である。

たとえば、都心部に300坪の土地があって、老朽化した平屋の住宅に地主夫妻が住んでいたとする。昔は庭の手入れも趣味でやっていたのだが、近ごろでは年をとって庭仕事も家のメンテナンスもキツイ。土地をマンション業者に売ってしまって、自分たちはどこか年寄りにも便利な所に住み替えようかと考える。しかし一方で、自分が生まれた先祖代々からの土地でもあるから、単に売ってしまうには忍びないという思いもある。

こうした場合、土地をコーポラティブ住宅専門のコーディネータに任せて10～15世帯を住人として募集してもらい、小型のオリジナル・マンションを一緒に建てて、自分たちもその一室に住まうという手段をとることができる。自分たちを含めた住人による組合を作って、コーディネータとともに、いちからマンションを造るのだ。一般に「コーポラティブ・ハウス」と呼ばれている方法だ。

実際、東京の下北沢に、この方法で建てられたマンションがあり、そのドキュメントは『自分たちでマンションを建ててみた。』（河出書房新社）に詳しい。地主夫妻を除く11戸の住人募集に500人が殺到した人気物件だったが、地主がもともと住んでいた大正モダン漂う古屋から、解体直前にランプや欄間《らんま》や敷石などを新住人が譲り受けて自分たちの部屋にリサイクル利用するなど、コーポラティブならではの物語も生まれた。

コーポラティブ・ハウスでは、縦の空間を生かしたメゾネット型の住戸をつくることも可能だから、マンションの便利さと戸建て感覚の住居演出が両立できるということで人気のようだ。コーポラティブ・ハウスを購入した２世帯の住人同士が話しあって、互いに空間を共有するような住戸を作る工夫も行われている。本来なら、Ａ世帯、Ｂ世帯のうちどちらかが１階、どちらかが２階というように上層と下層に分かれて住戸を購入するのが普通だが、上下層の中央部に交差する階段を作り、Ａ世帯の南側１階の上部にＢ世帯の南側２階が、Ｂ世帯の北側１階の上部がＡ世帯の北側２階がくるように交換して、メゾネット型にすることも可能なのだ。

まさに、「へこんだ部分とはみ出した部分」を合体させる知恵である。

藤原

Chapter 3

第3章

山手線の謎《なぞ》

なぜ電車の路線図はわかりやすいのか

本章で取り上げるのは、私の体験から出てきた問題です。

札幌に住んでいた私の父は、旅行が好きだったのですが、偏屈なところがあって、１つのポリシーを持っていました。それは、「同じところは２度通りたくない」というものです。このポリシーは、できるだけ多くの風景を楽しみたいという意味では合理的な部分もあるのですが、かなり他人迷惑でもあります。たとえば、父が上京して新宿を案内したときのことですが、どこを通っても景色などたいして違わないから、私は行きも帰りも近い道を使おうとしたのです。ところが父は妙に記憶力がよくて、「あの階段は前に通ったから、今度はこっちから行く」と言ってきかないのです。その上、父は、「フリー切符を買って東京を見物する」と言い出しました。本当はもっとたくさんの路線や駅があるのですが、面倒ですからいくつかの路線と駅を省略して、「これが回れる路線ですよ」と父に見せました。

問題３−１が、その路線図です。父は、「同じ景色を２度見るのはいやだから、どの路線も１回しか通らない」という条件で回りたいのです。

「どこから出発してもよく、どこで終わってもよい」という条件で、問題に挑戦してみてください。

問題3-1

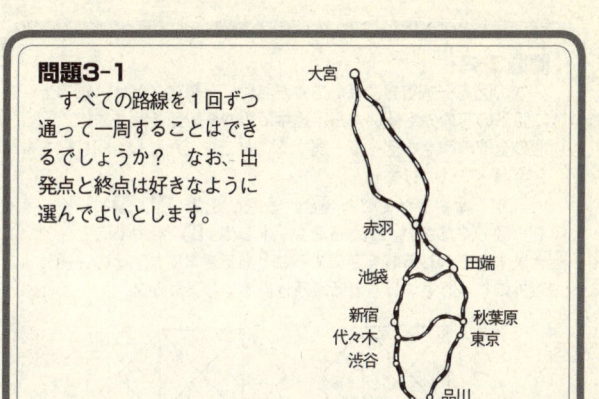

すべての路線を１回ずつ通って一周することはできるでしょうか？　なお、出発点と終点は好きなように選んでよいとします。

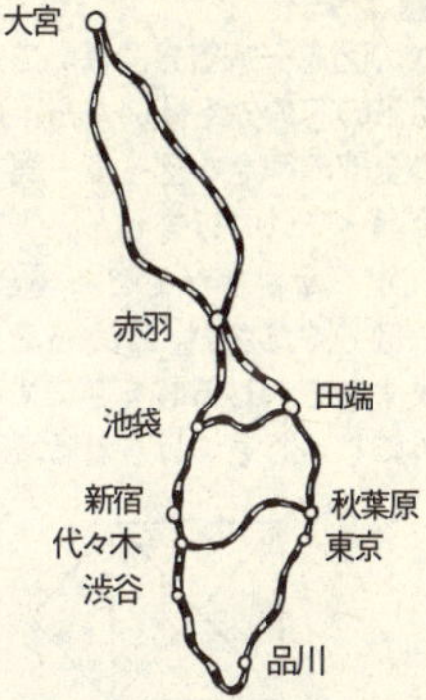

いきなりこの問題では、少し難しいかもしれないので、先に慣らしの問題を考えてみることにしましょう。

問題3-2

次の図を一筆書きで書いてください。一筆書きとは、紙の上に鉛筆の芯の先を置いたら、途中で紙から鉛筆を離さずに、図形の全部の線をなぞって一周することです。ただし、同じ線を２度通ってはいけません。

また一筆書きができる場合、始点と終点に始、終としるしをつけてください。終からスタートして、始で終わることもできますから、しるしを逆にすることもできますね。その2通り以外にしるしをつけられる場所はあるでしょうか？

①

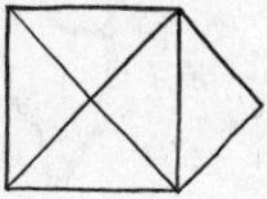

②

③

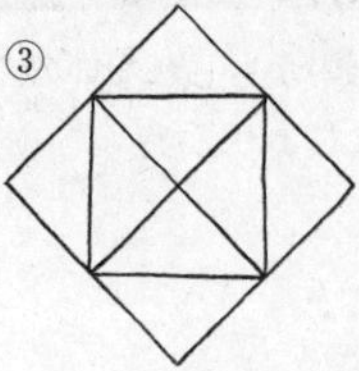

④

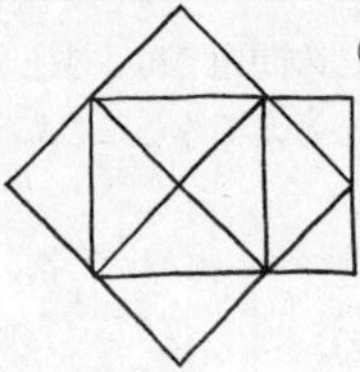

⑤

⑥

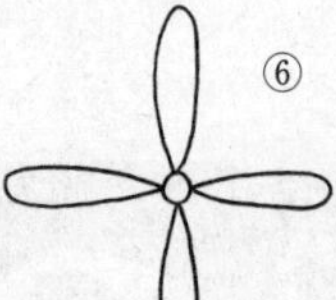

⑦

⑧

⑨

問題3-2の答

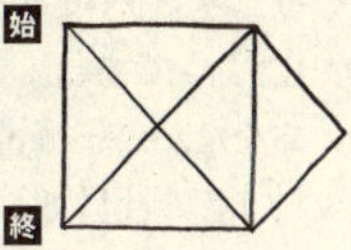

①一筆書きができる

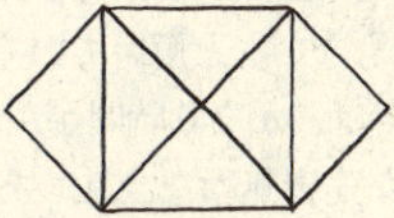

②一筆書きができる。
始と終はどこでもよい

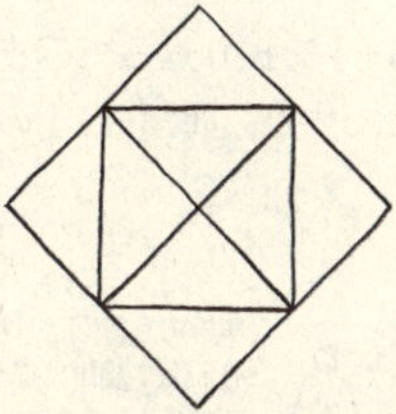

③一筆書きができない

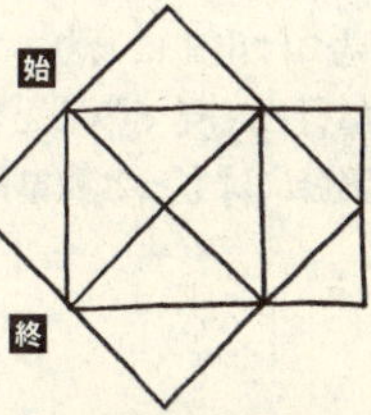

④一筆書きができる

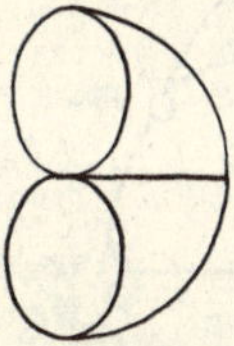

⑤一筆書きができない

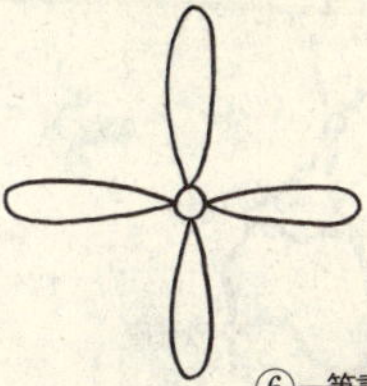

⑥一筆書きができる。
始と終はどこでもよい

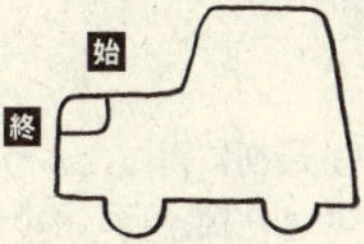

⑦一筆書きができる

⑧一筆書きができない

⑨一筆書きができない

世の中にもたくさんある抽象化

みなさん、最初は実際に図を鉛筆でなぞってみて、「できた」、「できそうもない」と解いていく人が多かったようですね。でも、その方法では、かなり時間がかかります。あなたが「一筆書き会社（こんな荒唐《こうとう》無稽《むけい》な会社、あるはずない？）」の社員で、たくさんのお客さんに「この図は一筆書きできますか？　どこから出発してどこで終わるのですか？」と聞かれたら大変です。何とか法則を見つけておかなければ！

法則を見つけ出すにあたって、問題3-1を振り返ってみましょう。駅に行って見てみるとわかることですが、問題3-1の路線図は、実際にはもっと簡単に描かれています。

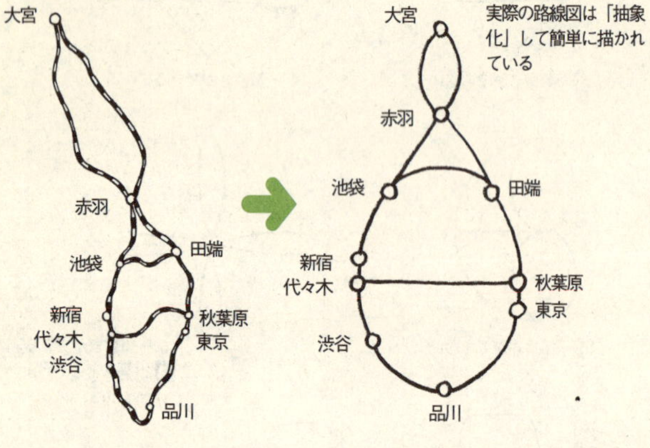

右側の図のような形になっているはずです。最初に言ったように、本当は神田、御茶ノ水などの駅があり、そこに線が通っていますし、品川、新宿、東京などから出ている路線もあるはずなの

ですが、ここでは、より簡潔にするために削ってあります。

もちろん、本物の地図のほうが正確ですが、目的地がはっきりしている場合は、正確な地図が少しわかりにくく感じることがあります。自分にとって必要な情報だけを集めてデフォルメした地図は、途中の駅を略していますが、略したぶん、逆にわかりやすくなっていますね。このように、必要な情報だけを残して、他の情報を省いていくことを「抽象化」と言います。目的に応じて、多少形をゆがめてもよいのです。電車の路線図に関して言えば、「ある駅から別の駅へはどうやって行けるか」がいちばん大切です。ですから、どうつながっていてどこで乗り換えができるか、がはっきりわからなければいけません。このとき、駅の位置関係は必ずしも地図上の正しい位置関係である必要はありません。正しい位置関係に固執すると、下の図のように神田と御茶ノ水あたりがわかりにくくなってしまいます。ですから、右の図のように変形するのです。

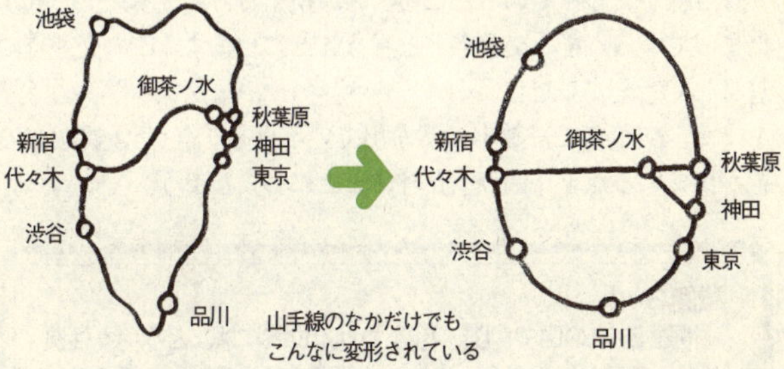

山手線のなかだけでも
こんなに変形されている

抽象化の話が出たところで、次の問題を考えてもらいましょう。

問題3-3

身の回りにある抽象化の例をあげてみましょう。看板や、建物の中の表示などを見ると、いろいろ見つけられますよ。

問題3-3の答　非常口のランプのマーク、地図上の記号など

みなさんがよく知っているスポーツ用品メーカーの「NIKE」のマークも、あるものを抽象化してデザインされた、という説があります。それは、フランスのルーブル美術館にある「サモトラケのニケ」という女神像です。像の羽根の部分を抽象化してマークにした、という噂です。

交差点は要注意！

抽象化のコツがわかったところで、次の問題に挑戦です。ここで、何度も使う言葉に名前をつけておきましょう。

線と線が交わっているところ、言い換えると、３本以上の線が集まっている点を「交差点」と言うことにします。この交差点に着目して考えてください。

また、交差点で奇数本の線が出ている点を「奇点」、偶数本の線が出ている点を「偶点」と呼ぶことにしましょう。

問題3-4

問題3-2の図で、始、終をつけた位置には、どういう性質があったでしょうか？　また、一筆書きできる図と、できない図の違いはどこでしょうか？

問題3-4のヒント　交差点において、つながっている線の本数を書き出してみましょう。

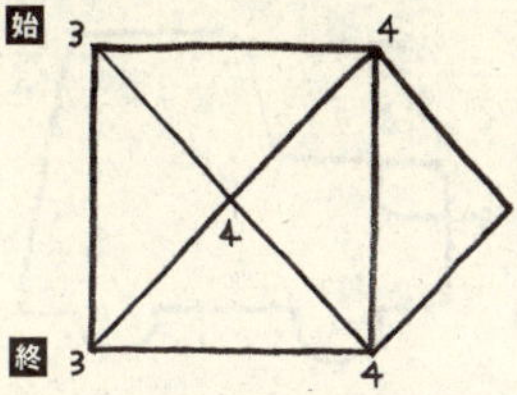

①

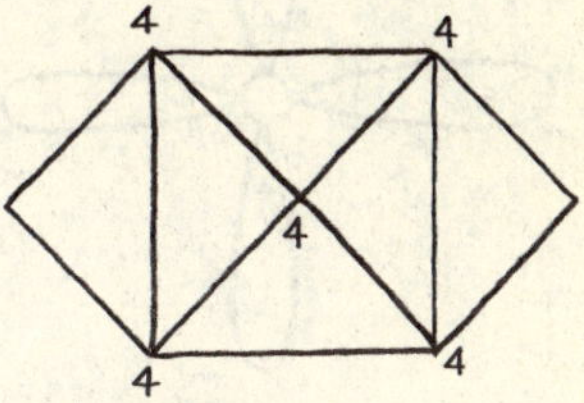

② 始と終はどこでもよい

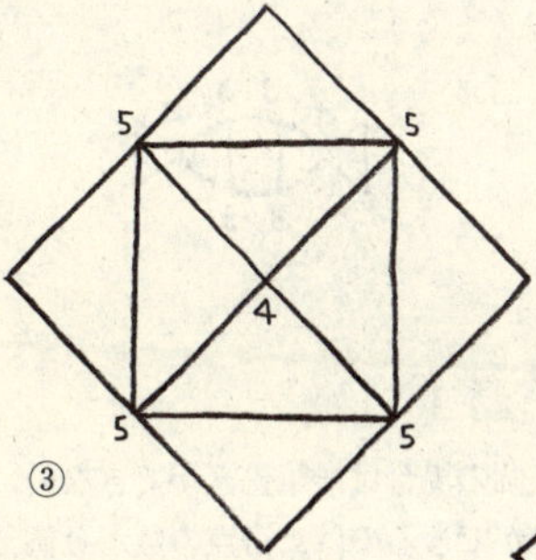

③

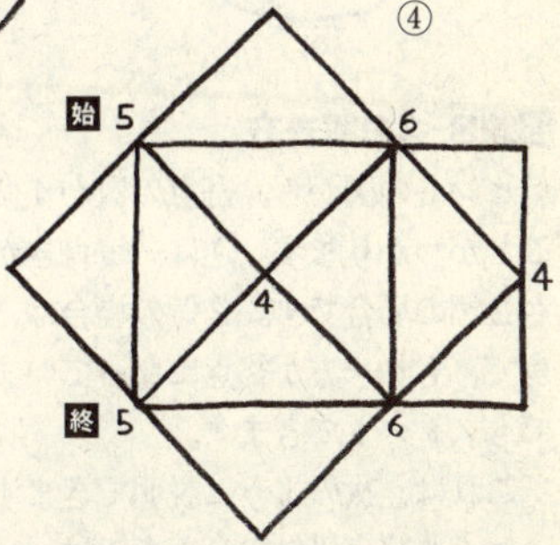

④

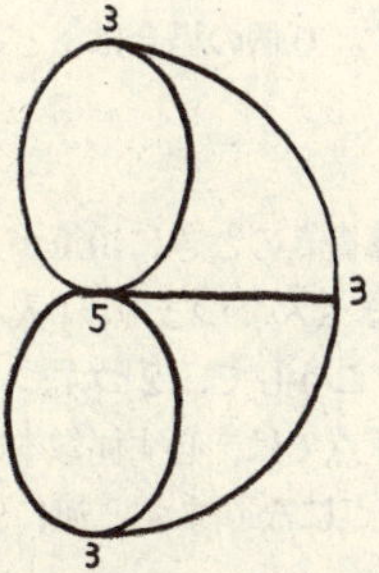

⑤

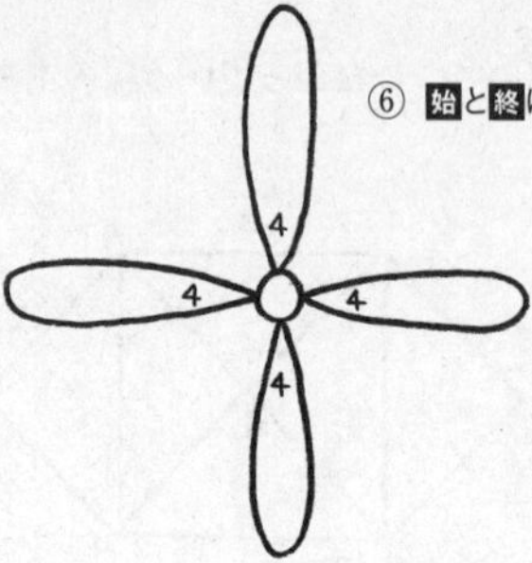

⑥ 始と終はどこでもよい

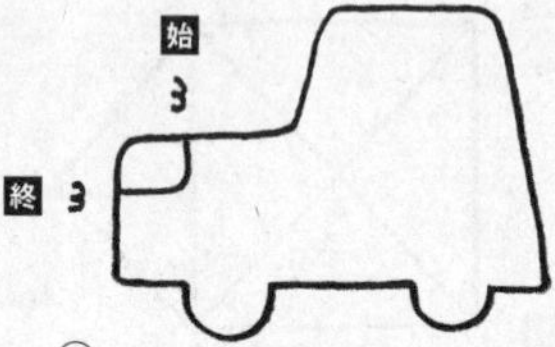

⑦

⑧

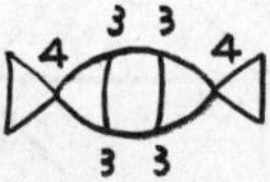

⑨

問題3-4の解き方

ヒントの図から、奇点の数が4個の場合は一筆書きができないことがわかります。逆に一筆書きができるのは、奇点の数が0個か2個の場合です。2個の場合は、その奇点のどちらか一方が始点で、もう一方が終点になっています。0個の場合は、どこからでもスタートできます。

これは、次のように説明できます。

始点と終点以外の交差点では、一筆書きのときに鉛筆が入ってきたら、必ず出て行かなければなりません。つまり、「入る線」にたいして、「出る線」が必要です。こうして、2つずつペアになりますから、始点と終点以外の交差点では、必ず偶数本の線が必要になるのです。始点と終点は奇点になります。逆に、奇点は、始点と終点に限られますから、奇点が2つより多い場合は一筆書きができるはずがないのです。

問題3-4の答 **始**、**終**をつけた位置は奇点。一筆書きができるのは、奇点が0個か2個の場合。できないのは、奇点が2つより多い場合。

おいらと7つの橋

一筆書きの性質を最初に明確にしたのは、オイラーという18世紀の数学者でした。オイラーをローマ字で書くと「Euler」、片仮名で書くと「オイラー」、それから平仮名で書くと「おいら」です。「おいらの定理」というと、自分が証明したようですごくうれしいので、いつも私は平仮名を使います。

駄洒落《だじやれ》はともかく、オイラーがケーニッヒスベルク（現ロシア・カリーニングラード）を訪れたとき、市民の間で、「町にかかっている7つの橋を、すべて1回ずつ渡って散歩することができるだろうか？　どうやらできそうもないのだが、なぜだろう？」ということが長い間の話題になっていました。オイラーは、この懸案をあっという間に片付けたのですね。彼が出した答は、「かかっている橋の本数が奇数の岸あるいは中州が、合計2カ所までなら散歩が可能だが、4カ所あるからダメ」というものでした。

これを一筆書きの問題としてとらえると、次のようになります。1つの橋に対して散歩道を1つ対応させ、岸と中州にそれぞれ1つずつ休憩所を設けます。渡ったら必ず休憩所に寄らなければなりません。散歩道を書いてみると、次ページの図が得られます。「必ず1回ずつ橋を渡る」ということは、「散歩道の各道をすべて1回ずつ通る」ということですので、「散歩道を一筆書きで

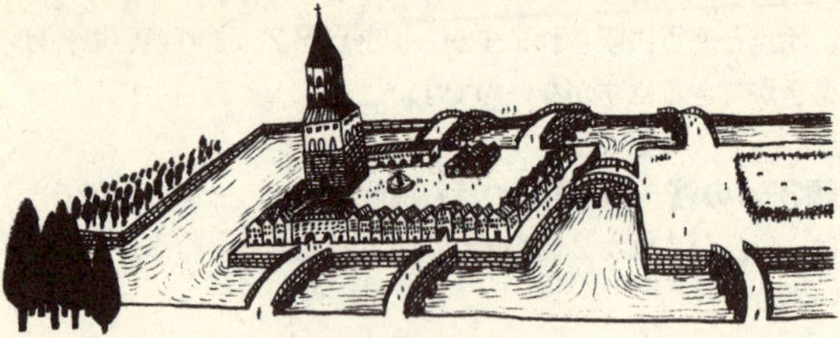

岸と中州に1つずつ休憩所を設け、散歩道を書いてみると

散歩道は一筆書きの問題の⑤と同じ。だから散歩はできない！

きるか？」と同じことになります。

この一筆書きの問題は、問題3－2の⑤にありましたね。「⑤が一筆書きできない」ということはすでに示してあります。

オイラーは、「ケーニッヒスベルクの橋の問題」の本質は、「一筆書き」にあると見抜き、橋を道に置き換え、「一筆書き」の理論を使って解決したのです。この問題をとおして、本質を見抜いて抽象化することのすばらしさを味わってほしいと思います。

問題3-1の答

さて、問題3-1に戻りましょう。奇点は、池袋、田端、秋葉原、代々木の4カ所になります。ですから、この路線図は一筆書きができません。残念ながら父の期待には添えなかったのです。

なお、さきほど、「一筆書き会社（こんな荒唐無稽な会社、あるはずない？）」と言いましたが、旅行会社のツアーの企画マンには、一筆書きの感覚があるといいかもしれません。自分で旅行計画を立てる場合でも、一筆書きの理論は、効率よく観光スポットを回る手助けになりますね。

では、最後の問題です。

問題3-5

問題3-2では、奇点の数が0個、2個、4個の図しかありませんでしたね。では、奇点の数が3個の図はあるのでしょうか？　ただし、途中で行き止まりとなる線はないものとします。

問題3-5のヒント

問題3-2で、交差点につながっている線の本数を調べましたね。その数を全部足したものは、何を表すでしょうか？

たとえば、63ページの図形①の「3＋3＋4＋4＋4＝18」は何を表していますか？

「何の何倍」という答え方をしてください。

問題3-5の準備

63ページの図で交差点のところに書いてある数字は、その交差点につながる線の本数でしたね。この数をすべて加えたものを「線数の総和」と呼ぶことにします。線数の総和は、①では、上で計算したように18でした。他の図も同様に、

②は、４＋４＋４＋４＋４＝20

③は、４＋５＋５＋５＋５＝24

と計算できます。

では次に、「線の本数」についても考えてみましょう。交差点から交差点までの線を１本と数えて、「線の本数」を数えてください。

①線の本数は９本

②10本

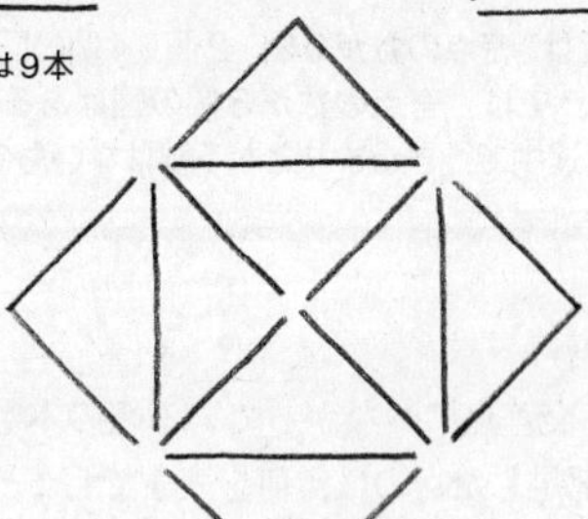

③12本

線の本数と、線数の総和に何か関係があることがわかりますか？

図①では、線数の総和は18で、線の本数（９本）の２倍です

ね。図②では、線数の総和は20で、やはり線の本数（10本）の２倍です。図③でも、線数の総和（24）は、線の本数（12本）の２倍になっています。

これは偶然でしょうか？

そうではないですね。１つの線がその両端の交差点で１本ずつ数えられているから、線数の総和は、

線の本数の２倍になるのです。

問題3-5の準備の結論

交差点ごとの線数の総和＝線の本数×２

これで準備が整いました。問題３-５を実際に考えてみましょう。

問題3-5の答

問題では、奇点が３個の図形について問われていますから、奇点が３個と仮定して考えてみます。

この図形の「線数の総和」は、３個の奇点と残りの偶点につながる線の本数を足せばよいのですから、

奇数＋奇数＋奇数＋偶数＋…（偶点の個数分だけ加える）

となります。奇数を奇数個加えると奇数になりますから、式の最初の「奇数＋奇数＋奇数」の部分は、奇数ですね。これに偶数をいくら加えても偶数にはなりません。なぜなら、奇数＋偶数＝奇数だからです。

よって、奇点が３個の場合の「線数の総和」は奇数になります。ところが、交差点ごとの線数の総和は、線の本数×２でしたから、常に偶数でなければなりません。

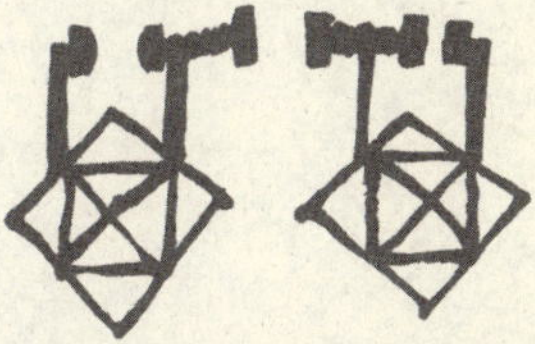

矛盾しますね。

　矛盾が起こったのは、最初に「奇点が３個の図形」と仮定したからです。よって、奇点が３個の図形はないと言えます。

　この証明は、奇点が５個でも７個でも同じように成り立ちます。つまり、奇点が奇数個の図形は絶対にないのです。

岡部

捨てる技術

社会の事象も「抽象化」すれば、不要な情報に振り回されない！

複雑な問題について思考しようとするとき、なるべく単純に物事の本質を眺められるように、細かい部分を捨て去って抽象化した図を描いてみることはよくやる方法だ。

誰かの顔から、特徴的な部分（たとえば、鼻が大きいとかタレ目だとかいうような）を極端に強調して描き出した「似顔絵」は、本人よりも本人らしいキャラクターを表現していたりする。似顔絵師は、そのほかの部位については鑑賞者が無視できるように、思いきって弱く描いたり、捨て置くのが常だ。

これを、「デフォルメ」する技術と呼ぶ。

端的に言えば、「顔写真」をデフォルメしたものが「似顔絵」であり、上空からの「航空写真」をデフォルメしたものが「地図」であり、「実際の線路」をデフォルメしたものが「路線図」だ。

情報量が多すぎるとかえってわからない！

たとえばここに、東京の銀座４丁目付近の航空写真があるとしよう。これをデフォルメしたものが、俗に「住宅地図」と呼ばれていて、地方自治体の登記所で閲覧できるものだ。非常に正確だから高価なのだが、不動産屋さんにはかかせない道具だ。しかし、一般の生活者には、ここまで詳しいとかえって使いにくい。一般の生活者は、さらに抽象度を上げてわかりやすくしたもの、つまり地図情報の相当分を捨て去って、生活に必要な機能だけが地図記号（学校は㊫、銀行はなど目標物を記号や図形で表現したもの）で表示されているものを利用するだろう。さらに、旅行者向けにデフォルメした地図は、観光のための必要最低限な情報だけに絞り、楽しく演出されている。

航空写真とこうした地図を比べただけでも、わかりやすくするためには、情報を捨てなければならないことが明らかだろう。

本質を見抜くために「抽象化する技術」というのは、他でもない「捨てる技術」のことなのだ。

岡部先生は、抽象化の例として、中学生でも馴染《なじ》みの深いスポーツ用品メーカー「ナイキ（NIKE)」のマークについて、この章で触れている。

デザイナーの間では、あの羽のマークは、美術の教科書によく出てくる「サモトラケのニケ（NIKE)」(BC190年頃：ルーブル美術館蔵）の羽をかたどっていると言われている。本来は船の舳先に付けられていた女神像だと言われるが、首が落ちてしまっているので、どんなに美人だったか、今となってはわからない。

命という文字と、その人間文字は抽象化？

2001年、テレビ朝日の「快速！通勤仮面」という番組に、テリー伊藤さん、飯島愛さんらとレギュラー出演していた私は、同じくご一緒した漫才グループTIMのゴルゴ松本さんの十八番、人間文字「命」の芸を間近に見る機会が何度かあった。

そこで、品川女子学院で半年間にわたって実践した「よのなか数学」(中学２年選択数学）の授業で、私は生徒たちに問いかけてみた。テレビで人気を博していた「命」の人文字を私自身が真似てみせ、これははたして「抽象化だろうか」、と。

読者は、どのように考えるだろうか？

日本語には表意文字がたくさんあり、漢字のなかには「川」「山」「月」「火」といった、実際のカタチをそのまま抽象化した〝象形文字〟も多い。しかし「命」という実体にカタチはないから、漢字の「命」自体は、具体的なもの（心臓など）を抽象化したものではなさそうだ（実際には、「令」をさらに「口」で伝えて強調する意味から、人間の運命もまた定められしものだとする意味に転じたと言われる）。

とすれば、ゴルゴさんお得意の人文字「命」は、「脈打つ生命力」を人間の体で〝抽象化〟したアートだとも言えるが、「命」という漢字をそのまま表現しているという意味では、抽象化された漢字を逆に人間のカラダで〝具象化〟していると見ることもできるだろう。

会社の社訓は究極の抽象化

私が25年間ビジネスマンとして関わったリクルートという会社は、社員が活性化していてモチベーション・レベルが高く、外で通用する人材が多く輩出されることでも知られている。

1996年に会社を辞めて、リクルートのフェローとして毎年更新のプロ契約をしてから、何度も「どうしてリクルートでは人が育つんですか？」と質問を受ける機会があった。だから、2002年春に会社を正式に離れてから、この会社の社員を活性化させているものの秘密を残らず記録することにした。それが02年秋に出版された『リクルートという奇跡』（文藝春秋）である。

私は、この本のなかで、250ページ以上のページ数を割いて「リクルートを活性化させているものの本質」をエピソードを交えて表現する努力をした。しかし今改めて考えてみれば、その本質は、社訓となっていた次の一言に見事に表現されている。

「自ら機会を作り出し、機会によって自らを変えよ」

社風を一言に抽象化して語るもの、それが「社訓」である。

「抽象化」という数学的思考が、会社がモットーとする考え方を明確にし、結果的に社員の活性化を下支えした好例と言えよう。

不要な情報に振り回されていては、本質を見抜くことはできないのだ。

藤原

第4章

Chapter 4

マッチ棒遊《ゆう》戯《ぎ》

郵便番号解読に隠された数字の秘密

本章では、マッチ棒で遊びながら考えてみることにしましょう。まずは、次の問題です。

問題4-1

マッチ棒を使って、0から9までの数字を作ってみましょう。使えるマッチ棒の本数は6本までとします。答は1つとは限りません。以下のルールに従い、いろいろ面白いやり方を考えてください。

①マッチ棒を折ってはいけない。
②マッチ棒がすべてつながっていること。
③マッチ棒をくっつけるのは、端と端に限る。交差してはいけない。

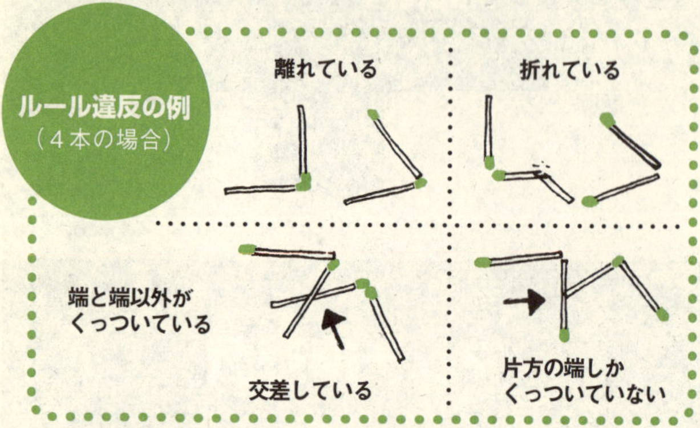

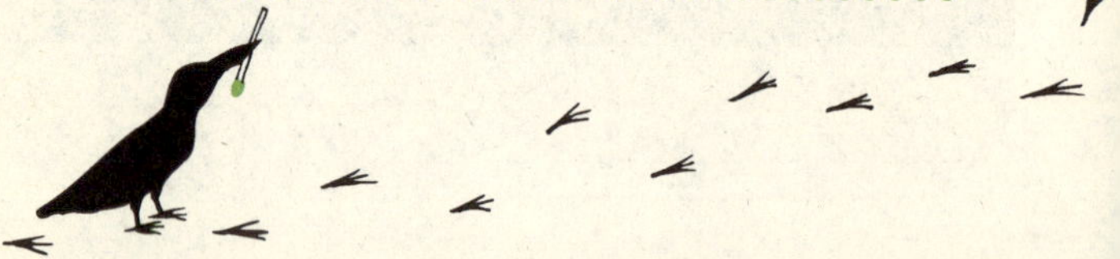

問題4-1の答

以下にマッチ棒6本以下でできる数字をあげますが、これらはほんの一例です。

マッチ棒6本以下でできる数字の例

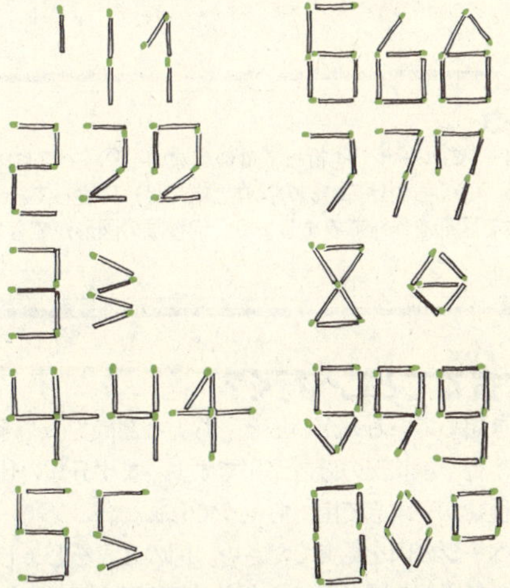

では、このマッチ棒で作った数字をよく見ながら、次の問題を考えてみましょう。

問題4-2

8が他の数字と区別される理由は何でしょうか？　すなわち、他の図形と著しく異なる特徴は何でしょう？

気がついた人もいるかもしれませんが、解答は、しばらくあとまわしにしましょう。問題を頭の隅に置きながら、以下を考えてください。

問題4-3

問題4-1のルール（①折ってはいけない　②すべてつながっている　③くっつけていいのは端と端だけ）に従って、マッチ棒5本で図形を作ってみましょう。何種類の図形ができますか？

そんなに慌ててどこへ行く？

えっ、解き始めている人がいる？　ちょっと待て！　そんなに慌ててどこへ行く。状況の確認が先ですよ。まず分類の仕方を決めないと、種類が多すぎて困っちゃうでしょ。

まずは次ページの図を見てください。図の∠αをじょじょに小さくすると、無限個の図形ができます。四角形の部分も、正方形から平行四辺形までいくらでもあります。そこで、これらは全部1種類と考えましょう。

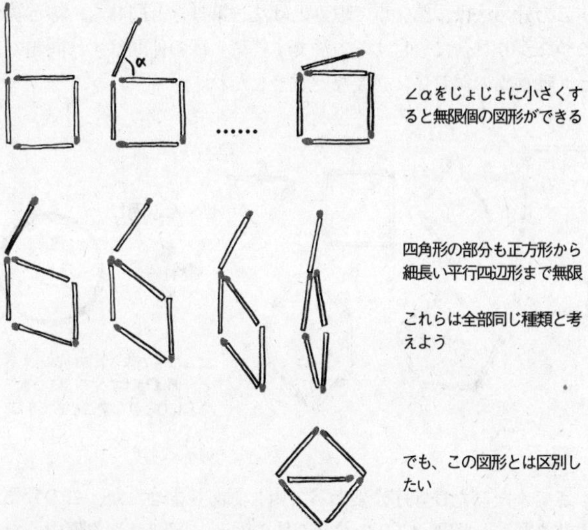
α
……
∠αをじょじょに小さくすると無限個の図形ができる
四角形の部分も正方形から細長い平行四辺形まで無限
これらは全部同じ種類と考えよう
でも、この図形とは区別したい

上の図の要求にこたえるためには、かなり粗い分類が必要ですね。これにピッタリで簡単な分類法があるのです。それは、図形をゴムひもでできていると考えて分類する方法です。

問題4-3の補足

５本のマッチ棒で作った図形を、ゴムひもでできていると仮定して分類してみてください。たとえば、微妙に角度をずらしただけの図形は、全部同じものとして扱います。

また、四角形と五角形は、伸ばしたり縮めたりするとすべて円になり、重ねることができますね。伸ばしたり縮めたりして重ねられるものも、同じ図形として分類しましょう。

この分類法は、第３章で取り上げた一筆書きと同じく、線と線のつながり具合に着目する方法です。第１章の仲間はずれ問題では、動物園の飼育係に必要な感覚でしたね。

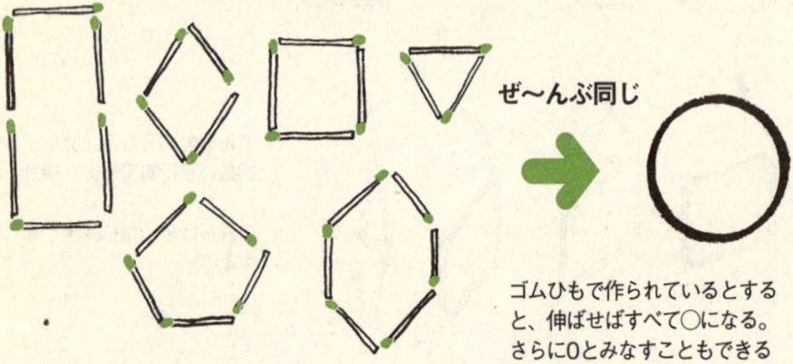

ゴムひもで作られているとすると、伸ばせばすべて○になる。さらに0とみなすこともできる

さて、たびたび順序が変わって申し訳ありませんが、この分類方法を見て、問題４－２の「８が他の図形と区別される理由」を思いついた人がいるでしょうか。

では、さきほど「頭の隅に置きながら」と書いた問題４－２から解いていきましょう。

問題4-2の解き方

今の分類方法の例を見ると、０を表す図形はすべて多角形で、ぐるっと一回りする道でできています。また、枝分かれしているところはありません。

８を表している図形は、枝分かれしています。さらに、一回りする道が2つあります。でも、枝分かれしているのは、８だけに限りませんから、８を表す図形が他の図形と違うところは、一回りする道が2つある、ということになります。

問題4-2の答　8を表す図形は一回りする道が2つある

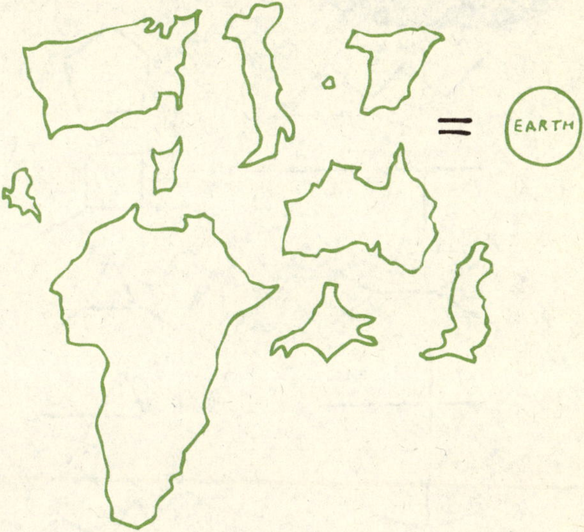

分類すれば、まどわされない

さあ、それではマッチ棒5本で作った図形の分類だぁ！

ある中学校では、次のように解答した生徒がいました。よく作りましたね。全部で12種類ありますね。数え落としはないでしょうか？　また、同じものがダブって入ってないでしょうか？

マッチ棒5本でできる図形はこれだけ?

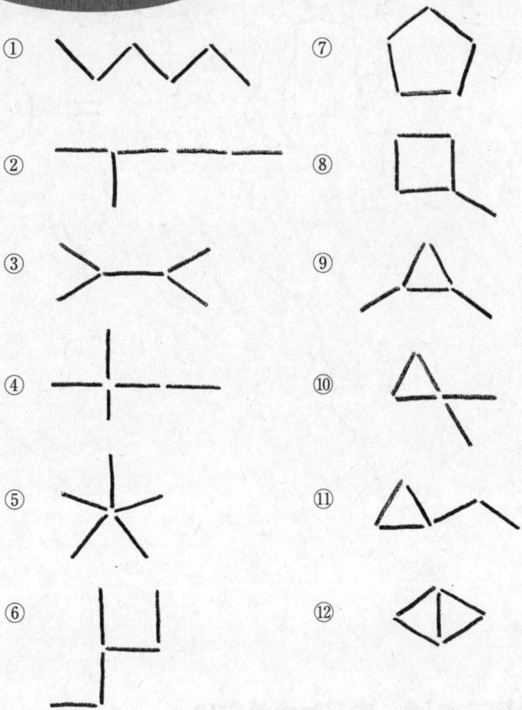

分類したり、数え上げたりするときに、気をつけなければいけないのは、数え落としとダブリですよね。実は、このなかにもダブリがあります。ダブリを防ぐには、どうしたらよいでしょう?

この図形を分類するにあたって、参考になるのは、第3章の一筆書きです。第3章では、どうしたか思い出してみましょう。「線と線が交わっている点において、その点につながっている線の数が偶数か奇数か」が重要なポイントでした。

図の②と⑤は両方とも、線と線が交わっている点が1つで、つながっている線の本数は奇数です。でも、伸ばしたり縮めたりの変形で同じ形にはなりませんから、明らかに違う種類と言えます。ですから、ここでは、偶数、奇数という大まかな分け方ではなく、交差点の線の本数（63ページを見てください）も考える必要がありそうです。

ある点から、4本の線が出ているような交差点のことを十字路、または四叉路《よんさろ》と言いますね。線が3本出ていたら三叉路、5本出ていたら五叉路……と名前をつけます。

それから、⑫は、問題4－1で8を表す図形として出てきましたね。この図形の際立《きわだ》った特徴は、一回りする道が2つあることでした。また、①と⑦は両方とも交差点がありませんが、図形として明らかに違います。その違いは、一回りする道があるかどうかです。

こうして、「交差点の種類と個数」と「一回りする道の個数」の2つの要素で分類できそうですね。2つの要因があるときは、どのように表すとわかりやすいでしょう？

私は札幌の出身ですが、札幌市内（中央区）の特定の場所の住所を、中心に位置するテレビ塔から北（もしくは南）、東（もしくは西）の2つの方向を使って表すことができます。「私の実家は、北1条東7丁目です」というように。これが、みなさんも数学で習っている座標の表し方です。

どうやら、2つの要因を縦軸と横軸にとって、座標のように表すと分類が明確になりそうです。これも類推の一種ですね。

さらに、次のことに注意します。三叉路は2つある場合がありますが、四叉路以上になると、マッチ棒5本では2つ作ることはできません。また、一回りする道は、2個作る（図の⑫）のがギリギリで、3個の場合はあり得ません。

以上をまとめると、次の分類表ができます。

マッチ棒5本でできる図形の分類表

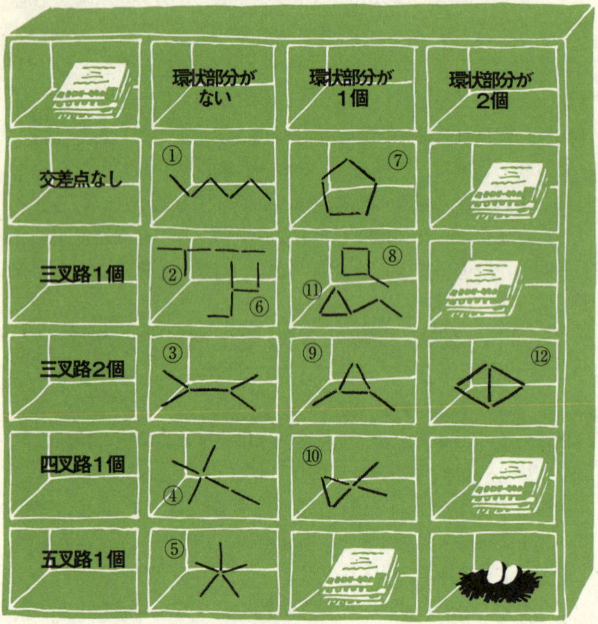

＊注　表中の数字は84ページの図形の番号に従っています。

表にすれば、②と⑥、⑧と⑪はそれぞれ同じ種類のものだということがすぐにわかります。また、表にして考えると数え落としがないことに確信が持てますね。

マッチ棒の分類と郵便番号の気になる関係

分類して「場合分け」する方法は、マニュアルに従ってやっていくようで、たいしたことのない方法だと思われがちです。

しかし、こうして分類しないと、角度が1°ずれただけで違う図形となり、やたら種類が多くなって、わけがわからなくなります。分類の仕方も、本質をきちんととらえないと、何をやっているのかわからなくなります。つまり、分類をする際にも、本質に迫る必要があるのです。

郵便番号など、数字を機械で読み取るときには、このような分類法は、大変役に立ちます。手書きの文字は、人それぞれの癖《くせ》があるので、読み取りが大変です。でも、大体の人は、「一回りする道が2つあるのは8」という読み取り方で読めるはず。少なくとも、この原則で、8は他の字と区別できます。また、0も「一回りして、交差点がない」という基準が大きな手がかりになります。他に一回りする道があるのは6と9、場合によっては4もあります。急いで書いたときの2がそうなることもあります。さらに、三叉路があるのは、四叉路があるのは……と条件を増やして分析することによって、かなりの情報処理ができるようになります。このように、郵便番号の判別メカニズムには、「分類する」という数学的な知恵が大きく役立っているのです。

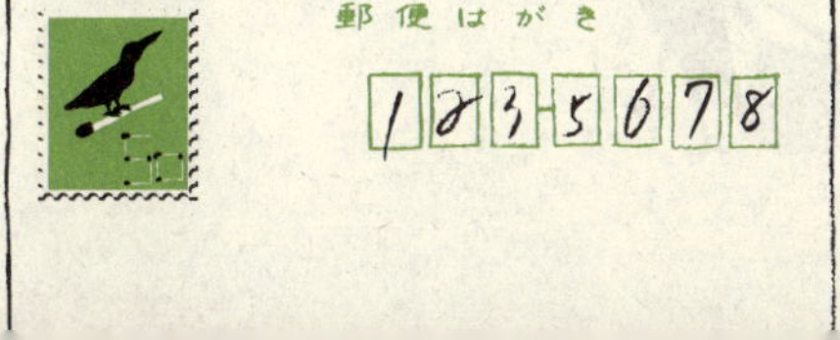

もちろん、この分類方法だけでは無理ですから（6と9の判別や、1と3と7など）、他のいくつかの方法（一回りする道が上にあるか下にあるか、折れ目の位置はどこかなど）も併用することになります。

問題4－3では、「ゴムひもでできている」としたので、かなり粗い分類になりましたが、かえって大きな分類をするときには向いているのです。

せっかく面白い分類方法を学んだのですから、類似問題で少しだけ復習しておきましょう。

問題4-4

マッチ棒3本と4本のそれぞれの場合について、問題4－1と同じ条件で図形を作り、それをゴムひもでできている図形として分類してみましょう。

問題4-4の答

マッチ棒3本と4本で作ることができる図形の分類は次の表のとおり。なお、表より3本の場合は3種類、4本の場合は5種類の図形を作ることができるとわかります。

マッチ棒3本でできる図形の分類表

	環状部分がない	環状部分が1個
交差点なし		
三叉路1個	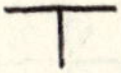	

マッチ棒4本でできる図形の分類表

	環状部分がない	環状部分が1個
交差点なし		
三叉路1個	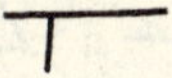	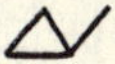
四叉路1個		

問題4-5

マッチ棒6本の場合に、同じように図形を作って分類したら、何種類できるでしょうか。

マッチ棒6本でできる図形の分類表

	環状部分がない	環状部分が1個	環状部分が2個
交差点なし			
三叉路1個	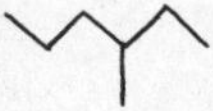	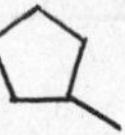	
三叉路2個		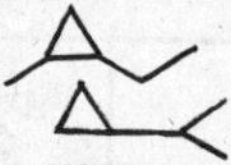	
三叉路3個			
四叉路1個	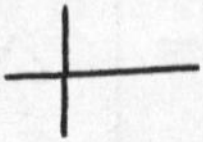	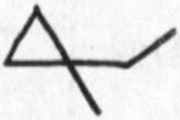	
四叉路1個と三叉路1個	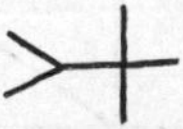		
五叉路1個			
六叉路1個			

問題4-5の答

前ページの表より、マッチ棒6本で作ることができる図形は、合計19種類。なお、三叉路が2個かつ環状部分が1個の場合だけ、2通りの異なる図形ができます。

この2通りの図形が異なることを示すのもおもしろい問題です。これは皆さんへの宿題としておきましょう。

岡部

くっつける技術

企画マンは、本質を見抜いて ヒット商品を生み出す！

マッチ棒を使ったパズルは子どものころによく出題しあったものだが、今回は、コンピュータが光学的に手書きの郵便番号を読み取る際に、背後で働いているロジックについて学んだ。

「線が閉じているものは、三角形でも四角形でも、ゆがんだ多角形でも円と同じグループ」とみなすとか「６も９も円から１本線が出ている形で同じもの」とみなす。こうした分類は、「図形をゴムひもでできているものとして考える」ことで可能になる。いわゆる**「トポロジー」という数学的思考方法**だ。ただ学問として教えるのではなく、郵便番号解読という現実の［よのなか］での役立ち方を併せて教えることで、本講座も生徒たちの腑に落ちる授業になるはずだ。

しかし、こうした分類の仕方による文字の認識をコンピュータが最初からやってくれるわけではない。ここで行ったグループ分けプロセスは、あくまでも人間の知恵を働かせる領域であることは強調されてよい。いったん、ここで考えたようなグループ分けが完成すれば、その処理をコンピュータに（コンピュータ言語で）命じることができる。

人間の知恵が先、コンピュータの出番はあとになるのだ。

マッチ棒というものの本質に迫る⁉

マッチ棒を使った計算パズルを覚えているだろうか。

左と右に数字らしきものがマッチ棒で作られていて、その間に「＝」という等式マークが、やはり２本のマッチ棒で示されている。何本かを左右に動かして等式を完成しなさいというやつだ。

問題4-5の答

前ページの表より、マッチ棒６本で作ることができる図形は、合計19種類。なお、三叉路が２個かつ環状部分が１個の場合だけ、２通りの異なる図形ができます。

この２通りの図形が異なることを示すのもおもしろい問題です。これは皆さんへの宿題としておきましょう。

岡部

くっつける技術

企画マンは、本質を見抜いて ヒット商品を生み出す！

マッチ棒を使ったパズルは子どものころによく出題しあったものだが、今回は、コンピュータが光学的に手書きの郵便番号を読み取る際に、背後で働いているロジックについて学んだ。

「線が閉じているものは、三角形でも四角形でも、ゆがんだ多角形でも円と同じグループ」とみなすとか「6も9も円から1本線が出ている形で同じもの」とみなす。こうした分類は、「図形をゴムひもでできているものとして考える」ことで可能になる。いわゆる**「トポロジー」という数学的思考方法**だ。ただ学問として教えるのではなく、郵便番号解読という現実の［よのなか］での役立ち方を併せて教えることで、本講座も生徒たちの腑に落ちる授業になるはずだ。

しかし、こうした分類の仕方による文字の認識をコンピュータが最初からやってくれるわけではない。ここで行ったグループ分けプロセスは、あくまでも人間の知恵を働かせる領域であることは強調されてよい。いったん、ここで考えたようなグループ分けが完成すれば、その処理をコンピュータに（コンピュータ言語で）命じることができる。

人間の知恵が先、コンピュータの出番はあとになるのだ。

マッチ棒というものの本質に迫る!?

マッチ棒を使った計算パズルを覚えているだろうか。

左と右に数字らしきものがマッチ棒で作られていて、その間に「＝」という等式マークが、やはり2本のマッチ棒で示されている。何本かを左右に動かして等式を完成しなさいというやつだ。

ちなみに、私が高校のときに流行《はや》ったパズルは、「40010＝11」というマッチ棒の数字を、２本だけ動かして等式を完成しなさいという問題だった。

正解は96ページ上段に示しておく（残念ながら高校生以上でないと無理ですよ）。

対して、子どもでもできる思考パズルも、いくつか覚えている。

１つは、マッチ棒を４本使って、田んぼの「田」という字を作りなさいという問題だ。

散々悩んだ末に、この答を知ったときは「発想の転換」という抽象的な概念をカラダで知った瞬間だった。この１問で、自分の脳細胞が立体的につながり、少しだけ頭が良くなった気さえした。

読者がまだこの答を知らないなら、このページからすぐさま目を離して、マッチ棒を取りに行き、４本だけテーブルに出して、しばし悩んでほしいと思う。もっとも、自動着火のガスコンロや電磁調理器が普及してしまった現代社会のキッチンでは、マッチなど買い置いてはいないかもしれない。そういえば、喫茶店やラーメン屋の宣伝用のマッチもずいぶん減ってきた。

前置きはこのくらいにして、答を示そう。

４本のマッチ棒を頭を上にしていちどきに握り、２ by ２（２×２）のように重ねて後ろから眺めれば、小さなマッチ棒の四角いお尻が縦横２列に並び、「田」という漢字を描いていることがわかるだろう（わからなければ96ページ中段をご覧ください）。

平面から立体的な思考へ

さらに、私の印象に残っているマッチ棒パズルをもう１つだけ紹介しよう。

まず、２本のマッチ棒の頭をくっつけて足を三角に開き、下から頭の部分に火をつけてマッチ棒の頭同士をくっつけ、二股のカタチを作っておく。

この部品（二股）とマッチ棒４本で、三角形を４つ作りなさいという問題だ。

もし、読者が、この問題にも挑戦しようとする場合には、十分に火の元に注意してほしい。ここでもじっくり考えていただき、解を発見したときの喜びを奪いたくないから、答は96ページ下段で示すことにする。今から挑戦したい読者は、この行から、早く本を閉じていただき、目をマッチ棒に転じたほうがよい。

この問題の場合は、平面上でいくら頑張っても答は出てこない。

まず、３本のマッチ棒で正三角形をテーブルの上に作る。次に、二股の部品の両足を任意の辺の２点の上に置いてから、もう１本のマッチ棒を支えに使って、正三角すいを形作る。二股部品の股の部分をやや倒すようにしながら、後ろからもう１本のマッチ棒の頭で支えるようにしてトライアングルを作るのだ。こうしてピラミッドが完成すれば、正三角形（に近い三角形）が４面にできていることになる。

さて、トポロジーでは、離れているものをくっつけたり、くっついているものを切って離すのは禁じ手だそうである。一方、マッチ棒パズルでは、くっつけたり切ったりするところに妙味がある。だから、この章の問題では、マッチ棒で作ってトポロジーで分類するのがなんともミスマッチで面白い。

ところで、「くっつける」思考法は、［よのなか］では、いつも企画マンの力強い道具である。

トイレにシャワーがついて「シャワートイレ」になったり、ラジオにカセットデッキがついて「ラジカセ」（さらにCDやMDやDVDもついている）になったり。はたまた、携帯電話にビデオカメラがついて「テレビ電話」になり、動画メールまでしちゃえるようになったり。

「くっつける技術」の応用例は枚挙《まいきょ》にいとまがない。とはいえ、言うまでもなく、なんでもかんでもくっつければ商品になるというわけではない。「利便さ」の本質を追求できる企画マンのアイディアこそが魅力ある商品を生み出すのである。

それにしても、禁煙する人や嫌煙家の増加が目立つ現在、100円ライターの普及にも伴って、マッチの需要は確実に減っている。我々の「くっつける技術」の思考訓練にまたとない刺激を与えてくれたマッチ棒が、消えてゆくのは寂しいかぎりだ。同じ棒じゃあないかといって、箸でやったり、フォークでやったりするのでは、なにか、こう、感じが出ない。

最後の問題などは、論外である。

藤原

ANSWER

$_{40}C_{40}$= 1 (組み合わせ)

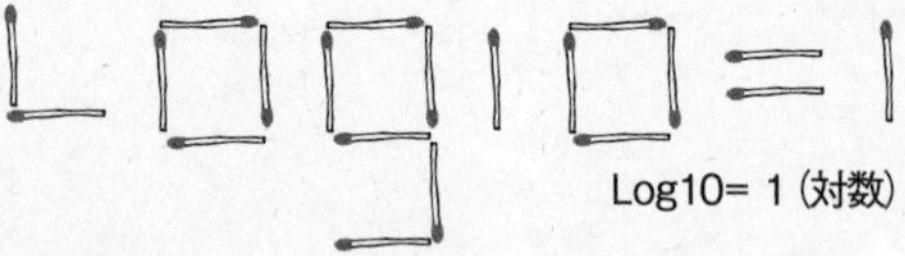

Log10= 1 (対数)

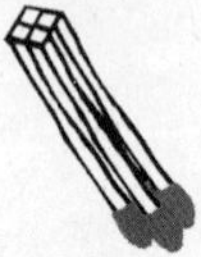

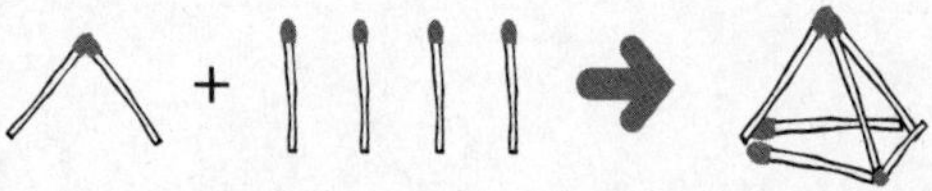

Chapter 5

第5章

独裁者の誤算

サッカーの試合数を激増させるとどうなるか

水泳に陸上、バスケットボールにサッカーなど、どのスポーツにも試合がつきものです。出場チーム数を増やして、より大規模な大会にしたら、もっと楽しめるのに……と思ったことはありませんか？

そこで本章では、サッカーのトーナメントについて考えてみましょう。次の問題に説得力のある答を用意し、独裁者をたしなめてください。

問題5-1

ある国の独裁者が、年々サッカー人気が高まっているのを知って、「自分の国でもサッカーのトーナメントをしよう」と言い出しました。さらに、「どうせやるなら、時間をたっぷりかけて、どのチームも100回勝ち進まないと優勝できない（もちろん負けた時点で、そのチームは脱落する）ことにしよう。そのくらいの規模でやるのだ」と言います。

1 全部で何試合になるでしょう？
2 1試合ごとにメンバー表を1枚提出する場合、メンバー表をすべて積み重ねると、どのくらいの高さになるでしょう？なお、用紙1枚の厚さを0.01mmとします。まずは、直感で次の5つのなかから答えてください。

① 学校の校舎の高さ（12m）くらい
② 東京タワーの高さ（333m）くらい
③ 富士山の高さ（3776m）くらい
④ 太陽までの距離（1億5000万km）くらい
⑤ 宇宙の果て（地球から理論上観測可能な範囲で約9.4×10^{21}km）よりある

いきなり全試合数を求めるのは、少し難しそうですね。そこで、先に次の問題を考えてみましょう。ややこしい問題を考えるときには、まず、簡単な次元に下げてみることが大切です。

問題5-2

トーナメント方式（1度負けたら終わり）で優勝者を決めたい。参加チームが20チームの場合、どのようなトーナメントができるでしょうか。

問題5-2の答

いろいろなトーナメントの方法がありますね。たとえば、4チームをシードチームにして、3回戦から参戦させる方法があります。あるいは、8チームに予選を課す方法もあります。また、実力のランクが最後から1、2番目のチームは19回勝ち進まなければ優勝できないのに、ランクが1番目のチームは1回勝つだけでよく、2番目のチームは2回勝てばよく……18番目のチームは18回勝てば優勝という超シード式もあります（どんなトーナメント表になるか書いてみましょう）。ある早指し将棋のトーナメントの予選には、この超シード式が使われています。

例1

4チーム（⑰～⑳）がシードの場合のトーナメント戦

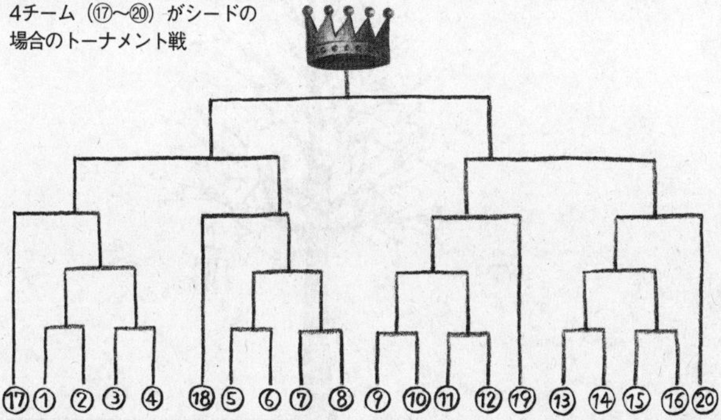

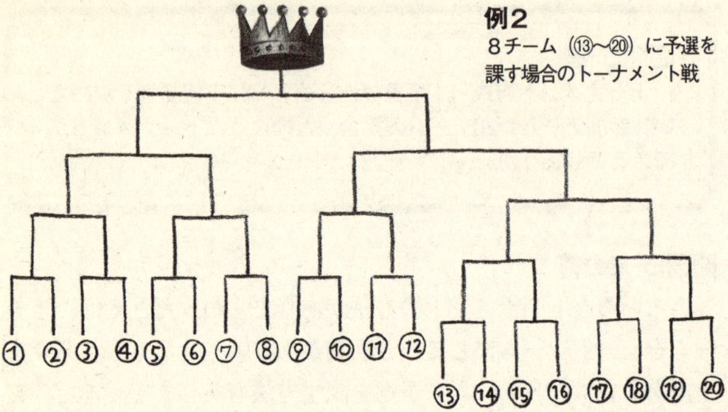

例2
8チーム（⑬〜⑳）に予選を
課す場合のトーナメント戦

試合数を減らせ！

トーナメントの仕組みを理解したところで、次の問題を考えてみてください。

問題5-3

では、20チームが出場する場合に、試合数をなるべく少なくしたいのですが、どうしたらよいでしょうか？　また、出場チーム数がｎチームの場合、どうなるでしょう？　なお、試合には引き分けがないものとします。

例１と例２の試合数を数えてみてください。両方とも19試合ですね。それから「超シード」と呼んだ早指し将棋選手権の予選に使われるトーナメントを考えても、最下位のチームが優勝した場合、その最下位のチームの試合数が全試合数で、やはり19試合です。

どうやら、20チームのときは、いくら試合数を減らそうとしても、必ず19試合が必要のようです。なぜでしょう？

見方を変えると、原理は簡単にわかります。それは、試合をすると必ず負けチームができ、優勝チーム以外は必ず１回だけ負けるからです。すなわち、１試合ごとに１チームずつ減っていき、最後に１チームだけ残るから、優勝チーム以外の19チームを減らすために19試合が必要となるのです。

問題5-3の答

試合数は必ず19試合で、少なくすることはできない。

また、ｎチームの場合の全試合数はｎ－１回。

さて、問題5-1に戻る前に、もう1つの条件について考えましょう。「どのチームも100回勝ち進まないと優勝できない」という条件です。全部のチームが対等というのですから、ここだけ独裁者らしからぬまともな条件ですね。

いくつか、簡単な例から見ていきましょう。

まずは、2回勝ち進まないと優勝できない場合と、3回勝ち進まないと優勝できない場合です。これは、実際にトーナメント表を書いたほうが早いですね。

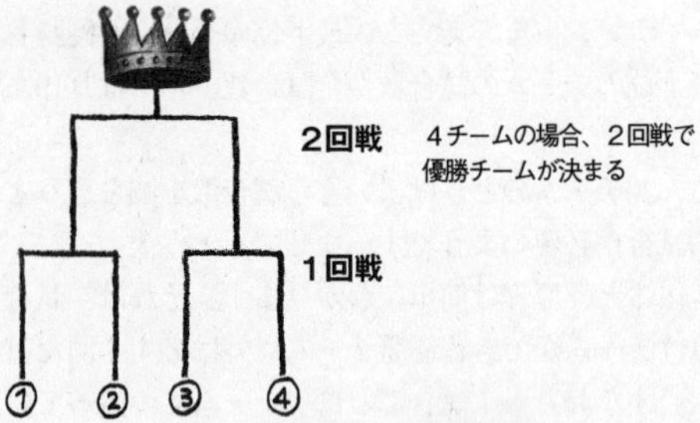

4チームの場合、2回戦で優勝チームが決まる

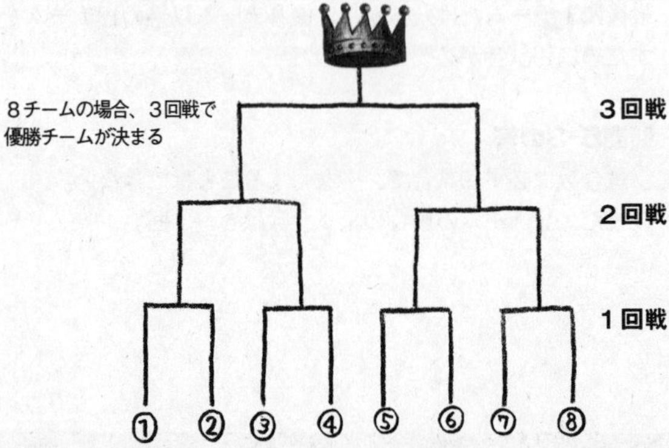

8チームの場合、3回戦で優勝チームが決まる

4チームの場合は、どのチームも2回勝ち進まなければ優勝できませんし、8チームの場合は、どのチームも3回勝ち進まないと優勝できません。

どのチームも4回勝ち進まなければ優勝できない場合のチーム数は、もうおわかりでしょう。8チームの2倍の16チームですね。トーナメント表で表すと、下のようになります。16チームを8チームずつ2つに分けると、それぞれのブロックで優勝するには3回勝ち進まなければならず、その両ブロックの優勝者の決勝でもう1回勝たなければなりません。

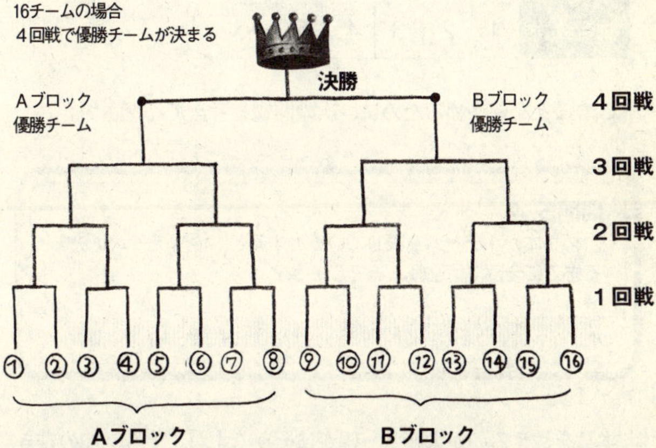

以上を総合して考えると、次のことが言えます。n回勝ち進まなければ優勝しない場合、それを2ブロックに分けると、それぞれのブロックでの優勝チームは「n－1回勝ち進んだチーム」です。そして、両ブロックの優勝2チームで決勝戦をすると考える

ことができます。これで合計n回です。

ですから、「勝ち進まなければならない試合数」が1つ増えるたびに、チーム数は2倍になっていくのです。

たかが100試合、されど…

今述べたように、シードチームなどがなく、すべてのチームが公平な条件の場合、優勝するために勝たなければならない試合数が1つ増えると、チーム数は2倍になるのですね。

チーム数	2	4	8	16	32	……
試合数	1	2	3	4	5	……

このことを確かめるために、次の問題を考えてください。

問題5-4

棒1本が1チームを表しているとすると、優勝チームが決まるまでに全部で何回戦あるでしょう?

本数を数えるのが大変? 確かにそうですね。でも、棒の書き方にばらつきがあるように見えますが、一定のパターンになっていますよ。

全体の長さをものさしではかって、一定の長さに含まれる棒の数から判断することもできます(もちろん正確な数でなくてもよい。2、4、8、16……で出てくる中の数で近いものが求める数です）。そんな計算するより、数えたほうが早い？　もちろんそれでも結構です。

全部で128本ありましたね。

さてここで、「優勝するために勝たなければならない試合数が1つ増えると、チーム数は2倍になる」ことを、式で表してみましょう。

1試合の場合のチーム数　2
2試合の場合のチーム数　$2 \times 2 = 4$
3試合の場合のチーム数　$(2 \times 2) \times 2 = 8$
4試合の場合のチーム数　$(2 \times 2 \times 2) \times 2 = 16$

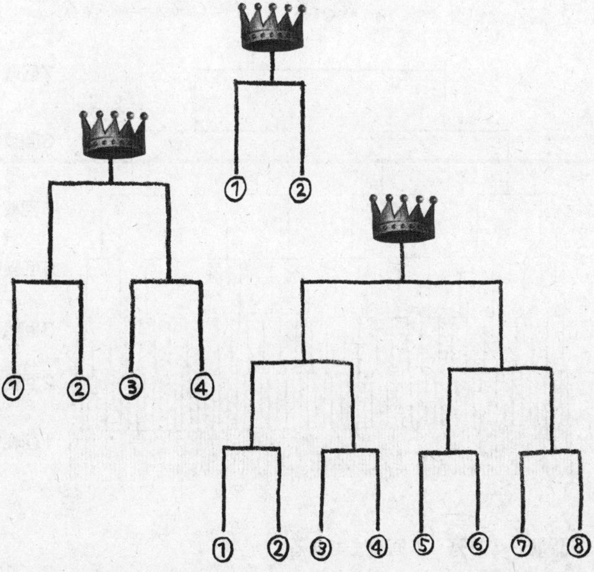

さらに、指数を使って表すと、

1試合の場合のチーム数　$2 = 2^1$

2試合の場合のチーム数　$2 \times 2 = 2^2$

3試合の場合のチーム数　$(2 \times 2) \times 2 = 2^3$

4試合の場合のチーム数　$(2 \times 2 \times 2) \times 2 = 2^4$

ですね。

よって、128は2を7回掛けたもの（2^7）ですから、7回戦までであるということになります。実際に図で確かめてみると、ご覧のとおり、7回戦まであります。

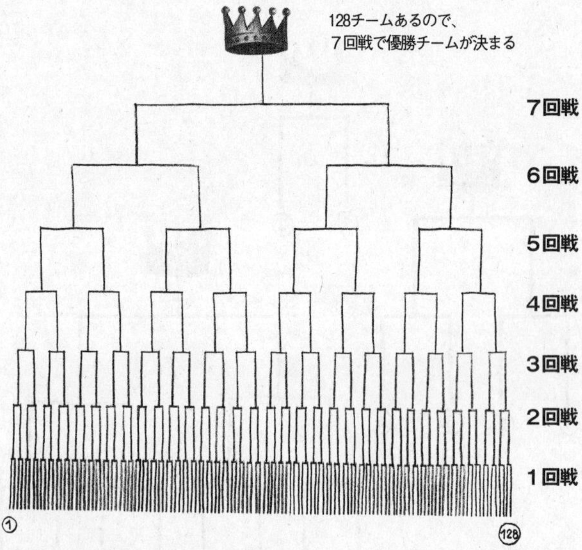

問題5-4の答　7回戦まである

さあ、いよいよ問題5－1に戻りましょう。すべてのチームが100回勝ち進まないと優勝しないようなトーナメントのチーム数は、同じように考えると、2^{100}となりますね。試合数は、1を引いて（$2^{100}-1$）試合となります。

問題5-1　❶の答　$2^{100}-1$試合

概算でわかった仰天《ぎょうてん》真実

ついでに、この数が何を意味しているのか考えてみると面白いですよ。

まず、さきほどお見せした2回勝ち進まなければ優勝できない場合のトーナメント表を、もう一度見てください（104ページ参照）。出場するのは全部で4チームですから、試合数は3となります。その内訳は、決勝戦1試合、1回戦2試合です。次の式で表すことができますね。

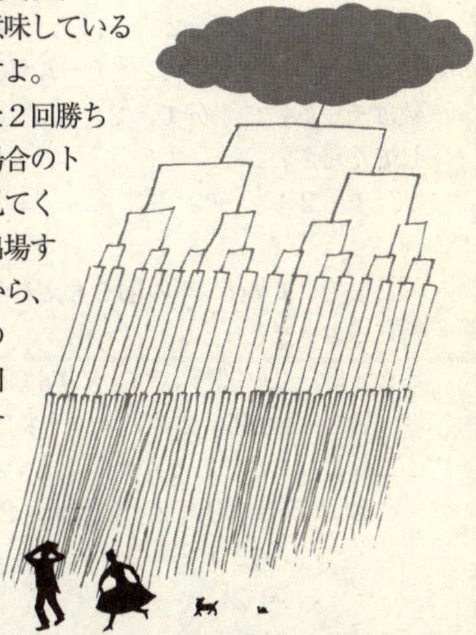

$$1+2=3\ (=2^2-1)$$

次に、3回勝ち進まなければ優勝できない場合のトーナメント表を見てください（104ページ参照）。今度は、$2^3=8$チームですから、試合数は$8-1=7$となります。また、この場合も決勝戦は1試合、準決勝は2試合、1回戦は4試合で、これらをすべて足したものが全試合でしたから、次の式が成り立ちます。

$$1+2+2^2=7\ (=2^3-1)$$

では、４回勝ち進まなければ優勝できない場合のトーナメント表を見てください（105ページ参照）。今度は$2^4=16$チームですから、試合数は16－１＝15となります。決勝戦１試合、準決勝２試合、準々決勝は４試合（ここまで残ったチームをベスト８といいますね）で、さらに最初の試合（第１回戦）が８試合です。これらをすべて足したものが全試合でしたから、次の式が成り立ちます。

$1+2+2^2+2^3=15\ (=2^4-1)$

ここまでくれば、$2^{100}-1$が、次の式で表されることも容易に想像できるでしょう。2^{100}チームが出場する場合、１回戦の試合数はチーム数の半分で、2^{99}（$2^{100}\div 2$）試合になることに注意してください。

$1+2+2^2+2^3+2^4+\cdots\cdots+2^{99}=2^{100}-1$

ここで、問題５-１の❷を考えるために、指数の法則を少し復習しておきましょう。

まずは、2^nの意味です。これは２をｎ回かけたものです。

$2^n=2\times 2\times 2\times 2\times\cdots\cdots\times 2$（ｎ個）

これより、次のことがわかります。

$$2^3\times 2^2=(2\times 2\times 2)\times(2\times 2)$$
$$=2\times 2\times 2\times 2\times 2$$
$$=2^5$$

５は３＋２ですから、

$2^3\times 2^2=2^{3+2}$

と表すことができますね。

同様にして、一般に次のことが言えます。

指数の性質❶　$a^m\times a^n=a^{m+n}$

次に、

$$(2^2)^3 = (2^2) \times (2^2) \times (2^2)$$
$$= (2 \times 2) \times (2 \times 2) \times (2 \times 2)$$
$$= 2 \times 2 \times 2 \times 2 \times 2 \times 2$$
$$= 2^6$$

最後に掛け合わせた2の個数は6（= 2 × 3）個ですから、以下が成り立ちます。

$$(2^2)^3 = 2^{2\times3} = 2^6$$

また、同様に以下が成り立ちます。

$$(2^3)^2 = 2^{3\times2} = 2^6$$

よって、一般に、

指数の性質❷

$$(a^m)^n = a^{m\times n} = a^{n\times m} = (a^n)^m$$

となります。

さあ、これで、問題5-1の❷を解くための道具が全部そろいました。

問題では、メンバー表をすべて積み重ねたときの高さ0.01×2^{100}（mm）の概数がわかればよいのです。まず、2^{100}がだいたいどのくらいになるか考えてみましょう。

$$2^1 = 2$$
$$2^2 = 2 \times 2 = 4$$
$$2^3 = 2 \times 2 \times 2 = 8$$
$$2^4 = 16$$
$$2^5 = 32$$
$$2^6 = 64$$

$2^7=128$

$2^8=256$

$2^9=512$

$2^{10}=2\times 2\times\cdots\cdots\times 2=1024$

さきほど復習した指数の性質❷より、

$2^{100}=(2^{10})^{10}=1024^{10}$

であることがわかりますね。

ここで、$1024\fallingdotseq 1000=10^3$であることに注目してください（「$p\fallingdotseq q$」は「$p$と$q$はほとんど等しい」を表す）。再び指数の性質❷より、

$2^{100}=(2^{10})^{10}=1024^{10}\fallingdotseq(10^3)^{10}=10^{30}$

となります。よって、メンバー表をすべて積み重ねた厚さは、おおよそ0.01×10^{30}mm と導き出すことができます。ここで、

$0.01=\dfrac{1}{100}=10^{-2}$

ですから、$10^{-2}\times 10^{30}=10^{28}$mm ですね。単位換算すると、10mm＝1cm（1mm$=10^{-1}$cm）、100cm＝1m（1cm$=10^{-2}$m）、1000m＝1km（1m$=10^{-3}$km）で、

$10^{28}\text{mm}=10^{28}\times 10^{-1}\text{cm}=10^{27}\text{cm}$

$10^{27}\text{cm}=10^{27}\times 10^{-2}\text{m}=10^{25}\text{m}$

$10^{25}\text{m}=10^{25}\times 10^{-3}\text{km}=10^{22}\text{km}$

になります。

$10^{22}\text{km}=10\times 10^{21}\text{km}>9.4\times 10^{21}\text{km}$ですから、答は⑤の宇宙の果てより高いことになりますね。

問題5-1　❷の答　⑤

独裁者でも無理だった試合数

このように概算すれば、メンバー表を積み重ねると宇宙の果て

まで到達するほどの高さになることがわかります。試合数に応じて会場の説明書（これも紙の厚さは0.01mmとしましょう）を１つずつ作って積み重ねても、やはり宇宙の果てより大きい高さになるのです。その上、試合数だけでも、$2^{100}-1$試合で、こんなに多くの会場の手配など、できっこないこともわかります。まず、申し込みの受付ができるわけがありません。さらに、全世界の人間を集めても、これだけのチームを作ることはできません。いくら独裁者でも、無理難題だったのですね。

全世界の人口は、赤ちゃんから老人まで集めて約60億人だそうですが、多めに考えて100億人としても10^{10}人です。１チームは11人で構成されますから、2^{100}チームを作るには11×2^{100}人が必要です。少なめに10×2^{100}人としても、$10\times 10^{30}=10^{31}$人必要です。これは全世界の人口の100億倍のさらに1000億倍です。ついでに、地球の陸地面積14,889万 km^2をすべて約7000m^2ずつのサッカー場にして毎日試合をしたら、この試合数を何年で消化できるか概算してみましょう。

0.01mmに２の100乗を掛けるという操作は、１つずつ掛け合わせていけば最初はものすごく小さい値ですが、最後には宇宙の果てに達する値にまでなります。指数を使わずに計算したら、おそらく計算違いをしたり、ひどく時間がかかったりしてしまうでしょう。

そして、天文学の世界では、このような大きな値を扱うことがよくあります。ですから、小さな値がもとになっているときに、大きな値も簡単に扱うことができる尺度が必要になります。1024を10^3とみなし「指数が３だ」と直感的に把握できる大雑把なとらえ方がそれにあたります。この場合の３は、（桁数《けたすう》－１）です。これをもっと細かくしたものが、高校２年で学ぶ「対数」といわれるもので、性質を理解すれば、天文学的数値を簡単に扱うことができます。

対数が発見される以前、天文学者たちは、計算をするために膨大な時間と労力を費やさなければなりませんでした。「対数は天文学者を計算の苦痛から解放し、寿命を10年延ばした」と言われるのは、そのためです。

岡部

かみくだく技術

数学での難問に向き合う姿勢は、社会での難問に向き合う姿勢と共通！

この章では、すべての試合のメンバー表を重ねた高さが想像を絶するものになった。言い換えれば、新聞紙（厚さ約0.125mm）を１回、２回……と100回折り畳んでいくと（物理的に不可能とは言え理論的には）、その高さは宇宙の果てまで届いてしまうということと等しい。

子どもに、社会的に大事な物事として「広告」の機能を教えるのに、新聞紙を使う面白い方法があるのだが、ご存じだろうか？

新聞は通常30～40ページ程度。毎朝宅配されるときには、１回、２回と折って、Ａ４版とＢ５版の間くらいの大きさで届く。さらにもう１回（３回）折ると、仮に30ページの新聞であれば$30\times 2^3=240$ページになる。これで、ほぼ書籍と同じ大きさになり、ページ数も書籍並になる。ということは、この時点で「１冊の書籍と新聞１日分とは、ほぼ同じ情報量がある」ことがわかるのだが、それではどうして、新聞は130円くらい、書籍は同じ情報量なのに1300円程度と10倍の値段がするのだろう。

こうした問いかけから、子どもたちに「広告」の社会的機能を考えさせるわけだ。興味のある方は『親と子の［よのなか］科』（ちくま新書）をご覧いただくとして、この章を読んだ読者は、「このまま新聞を100回折ったとしたら、どれくらいの高さになると思う？」と子どもに問いかける楽しみを得たことになる。

考える前に行動することが功を奏することも

岡部先生が、最初に強調したように「**ややこしい問題を考えるときは、まず、簡単な次元に下げてみることが大切**」だ。

「100回勝ち進まないと優勝できないトーナメントって……？」と考えあぐねてボーッとしているより、ペンを動かして、手がかりになりそうな超簡単なケースを書き出してみる。

107ページのトーナメント表が示すとおり、１回戦で優勝チームが決まるケース、つまり、いきなり決勝戦ならチーム数は当然２チーム。２回戦までで決まるのは準決勝から始まるわけだから倍の４チーム。準々決勝から始まるならさらに倍の８チーム。こうやって書き出してみると、チーム数に関しては、なんか「２のｎ乗」が怪しいと匂ってくる。

考えるという作業は、かならずしも、ウーンと唸って頭のなかだけでイメージを構築することではない。イタズラで書きはじめたペン先が、思考を刺激して直感をもたらすのはよくあること。指先も考える機能の一部なのだ。

自分の身の回りに引き寄せて考える

マーケティングや難しい社会問題について、身の回りで起こっているやさしい問題に引き寄せて考えるのも、わざと次元を下げることで「かみくだいて考える技術」の応用だ。

たとえば、クルマのオモチャの開発で、子どもたちの好む色彩について課題が出されたとしよう。この問題については、もちろん大規模な調査を行って、色彩学的に納得できる解を見つけることもできるだろう。しかし、たいていは、そのような調査を実施する場合でも、マーケッターの側に〝仮説〟がなければならない。〝仮説〟を裏付ける調査は有意義だが、〝仮説〟なしで調査をして、調査自体がまったく未発見のありがたい〝お告げ〟をしてくれることはまずないからだ。

では、〝仮説〟を導くにはどうしたらいいか。

いちばん単純な方法は、いろいろな色のオモチャで遊んでいる子どもを黙って観察すること。自分の家族に小さな子どもがいるのなら、ときには一日中家にこもって一緒に遊んでいればいい。会社の商品企画室にたてこもって考えるより、はるかに重要なインスピレーションが得られるだろう。

実際私の経験では、幼児の場合は、大人が好む渋くてセンスのいい色より、意外と「白地に赤と青」というような、はっきりした色を好む傾向がある。

かみくだく授業なら、子どもも納得する

先日、私が直接教えている中学校の［よのなか］科の授業で、区長が特別ゲストとしてやってきた。

区長が教室に現れるなんてめったにないことなので、子どもたちにも準備させて、「模擬子ども区議会」のような演出をし、区長にダイレクトに質問をぶつけさせた。そのとき、1人の子が「他の区ではクーラーがついている学校もあると聞いてますが、なんで、杉並区の中学校は扇風機だけなんですか？」という素朴な質問をした。この日はことさら暑い日でもあったので、実はみんなも聞きたかった。このときの区長の答弁（というより教室での答）が振るっていて参考になるので、少し長いが引用する。

「扇風機だと、全ての教室につけても1校につき400万円で済むんですね。一方、クーラーをつけると設備費は2400万円です。さて、あなただったら区長として、この差2000万円×67校＝約13億円をどんなふうに投資したらいいと思いますか？

お年寄りの施設のバリアフリー化に使う？　環境問題に使う？　校庭緑化で芝を植えることに使う？　それともやっぱり、夏の一時期にだけ必要なクーラーに使う？」

こうして複雑な政治問題が、子どもたちにとって最も身近な「扇風機かクーラーか」の問題に「かみくだかれる」ことで、「政治や行政というのは税金の調達と最適配分のことをいう」という本質が見えて

くる。どこかにお金をかければ他を削らなければならないし、お金が浮けば他の重要課題に投資できるという、政治問題を扱うのに必須の「トレードオフ感覚」も自然に体感される。

「公民（中学の社会科）」の教科書の多くが、政治を教えるのに「憲法」「国会の機能」「三権分立」「裁判所の機能」「行政の役割と地方自治」と〝上から下へ〟物語ろうとしているのとは対照的に、[よのなか]科ではいつも逆の道を行く（詳しくは『世界でいちばん受けたい授業(1)、(2)』（小学館）をご覧ください）。

子どもにとっては、身近なほうから入って、その大きなものが国の政治だと教えたほうがはるかに腑《ふ》に落ちるからだ。

教育に「かみくだく技術」を応用した例である。

藤原

第6章

Chapter 6

鉛筆は剣より強し

地球と山手線を同じように考えてもよい理由

「プラレール」というおもちゃで遊んだことはありませんか？　お父さんやお母さん、あるいはその友達に「Nゲージ」をやっている人はいませんか？　どちらも鉄道の模型ですね。本章では、鉄道の線路について考えてみたいと思います。

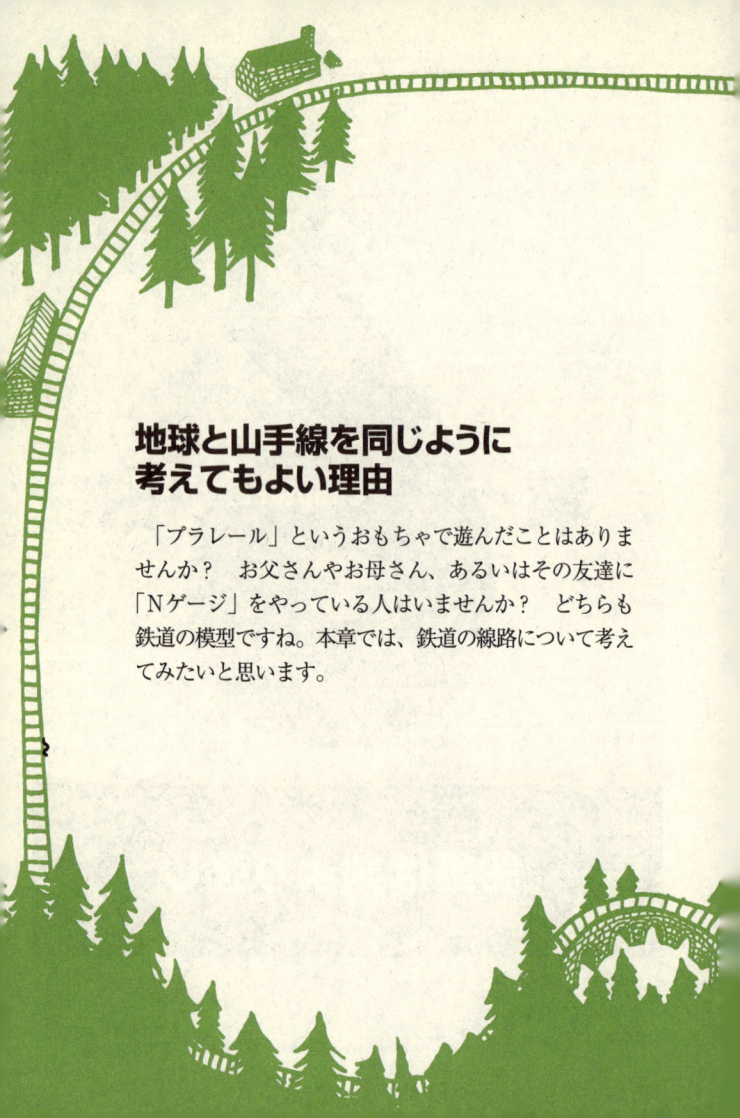

問題6-1

山手線のように、一回りすると元に戻るような線路を思い浮かべてください。線路は、円弧と線分だけでできているとします。レールの幅を1.5mとした場合、レールの内側の長さと外側の長さの差は何mになるでしょうか？

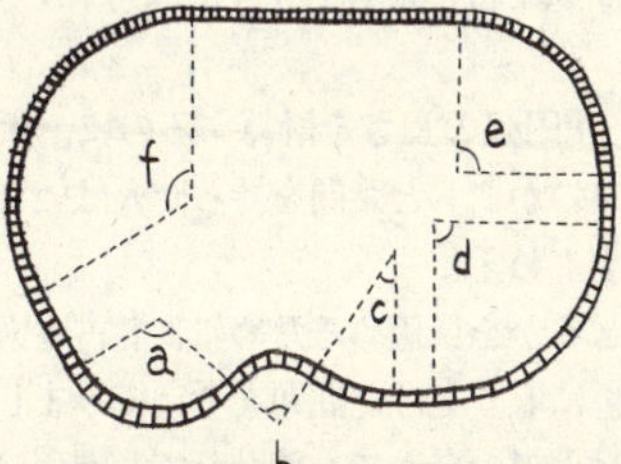

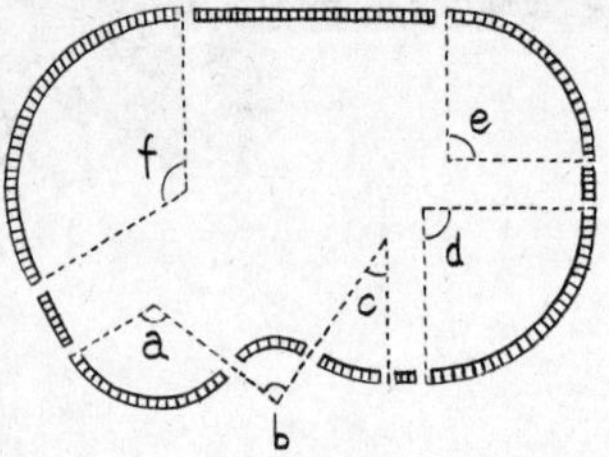

問題6－1の図を、上の図のように適当な位置でいくつかに分断すれば、線分と円弧に分けることができます。つまり、線分と円弧を滑らかにつなげたのが線路であるということですね。ちなみに、150分の1の鉄道模型を「Nゲージ」と呼ぶのは、模型のレールの幅が9（Nine《ナイン》）mmだからだそうです。150倍すると、1.35mですが、この問題では、計算しやすいように1.5mとしました。

さて、この問題で、「円弧の長さを計算するのに、半径が与えられていなくてもいいのか？」と疑問を持った人はいませんか？ちょっとおかしいですよねえ。

半径の値が必要かどうかを見極めるために、名古屋大学の栗田先生が中学校の教科書に取り上げた問題を考えてみましょう。この問題は、朝のテレビ小説のなかでも使われて、有名になったんですよ。

問題6-2

赤道（約４万㎞）に沿って、高さ８ｍの電柱を立て、電線を張ります。電柱の数が多ければ、電線と赤道は同心円とみなせますね。

さて、電線の長さは赤道よりどのくらい長いでしょうか（「海上には電柱は立たないんじゃないか」と追及しないでください。あくまでも頭の体操ですから）。なお、地球の半径は約6,378,140ｍです。

①約50m　②約500m　③約５km　④約50km

おせっかいな注意

「約４万 km の赤道に沿って８ｍ外側の円をかくわけだから、相当長いだろう。③の約５km か、④の約50km のどちらかに違いない」と、早とちりしてはいけません。

問題6-2の解き方

赤道の半径を r、電線の半径を R とすると、条件より、$R-r=8$ ですね。電線の長さは $2\pi R$、赤道の長さは $2\pi r$ ですから、その差は

$$2\pi R-2\pi r=2\pi(R-r)$$

$$=2\pi\times 8=50.24$$

になります。

問題6-2の答　①約50m

半径は関係なかった?

あなたは、計算する前に答を予想することができたでしょうか。

実は、この計算式は、rがどんなに小さい値でも、逆に宇宙的規模の大きさの値でも成り立ちます。また、このとき、それぞれの円周の長さを計算してから差を取って

$$40054769.44-40054719.2 \fallingdotseq 50$$

などと計算したらたまりませんよね。計算の分配法則のありがたみがわかります。さらに、あらかじめ文字式で計算して、後で実際の値を代入したから、分配法則を使って解く方法が自然と出てきたのです。こうして多くの人が陥りやすい計算ミスの罠《わな》にもはまらずに済みました。この解き方を見れば、「計算の構造を明確にする」文字式の長所もわかると思います。

内側と外側の円周の長さの差は、2つの円の半径の差d（この場合$d=8\,m$）には依存しますが、半径そのものはどんなに大きくても、あるいはどんなに小さくても関係ありません。常に、$2 \times d \times \pi$です。

では、円周ではなく、円弧だったらどうでしょうか？

同じことですね。半径そのものには依存せず、半径の差に依存します。さらに円弧の場合は、角度に依存しますね。半円（中心角180°）の円弧の長さの差なら、$2 \times d \times \pi$の半分で、$d \times \pi$ですし、中心角が90°なら、さらにその半分で、$(d \times \pi) \div 2$になります。

要するに、角度がα°なら、長さの差は

$$2d\pi \times \frac{\alpha}{360}$$

になります。

逆に$\beta°$へこんでいる場合は、外側より内側の円弧の方が長くなりますから、

$$2d\pi \times \frac{(-\beta)}{360}$$

になります。

「なんとなく」の感覚も大事

問題6－1の線路が円だったら今の公式が使えますから、外側のレールは内側のレールより

$$2\pi \times 1.5 = 3\pi$$

だけ長くなりますね。なお、この1.5はレールの幅です。

でも残念ながら、線路は完全な円ではありません。さらに途中、内側にへこんでいるところさえあります（∠ｂのところ)。でも、「完全な円ではないけれど、なんとなく公式が成り立ちそうだ」という気がすればたいしたものです。

「数学は論理だ」という人がいますが、私は、「数学では、いわゆる三段論法を積み重ねていく技術だけを学ぶ」などという考え方には賛成しません。この〝成り立ちそうだ〟という「なんとなく」の感覚も大変重要です。

さて、問題6－1です。それぞれの円弧における差を加えて(へこんでいるところでは引くのですが）みましょう。どの円弧においても、

$$2d\pi \times \frac{1}{360}$$

は共通にかかっていて、

$$2d = 2 \times 1.5 = 3$$

ですから、この式でくくってみると、レールの差は、

$$\frac{3\times\pi}{360}\times(a-b+c+d+e+f)$$

となります。bにマイナスがついているのは、ここではその分だけ外側より内側のほうが長いからです。問題は、（$a-b+c+d+e+f$）の計算部分です。

下の図は、円弧の部分を切り取って、中心が同じ点になるように集めたものです。どうやら360°になりそうですね。ここで、計算式のように、bを引くことに注意してください。

よって、

$$\frac{3\times\pi}{360}\times(a-b+c+d+e+f)=\frac{3\times\pi}{360}\times 360=3\pi$$

となります。

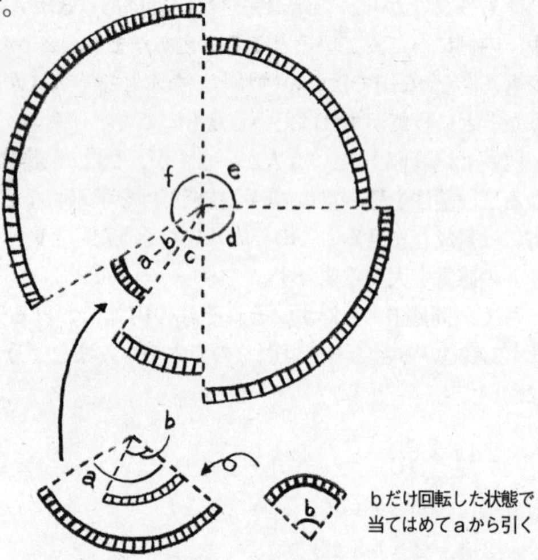

bのような、へこんでいて部分的には内側のほうが長くなる場所があっても、それを補うように外側のほうが長い部分が余計に

あるので、３πになるのですね。これは、円の場合の２ｄπ（ｄ=1.5）に対応するものです。

問題6-1の答　３πｍ

鉛筆の賢い使い方

この方法は、直感的でわかりやすいのですが、さきほどの図で示したように、－ｂを回転させて重ねて解いたあたりが、「この問題ではうまくいったけど、他のケースでも成り立つのかな」と疑問を感じるところです。「どんな場合でも成り立ちそうだ」と確信を持てる方法はないでしょうか？

そこで思考実験です（暇な人は実際に山手線に乗って試してみるのもいいでしょうが、思考実験も忘れないでくださいね）。

問題図の線路上を走る電車の中にいるつもりになってください。電車の中で鉛筆を進行方向に向けたまま立っているとどうなるでしょうか。一周して戻ってきたときに、鉛筆はスタートしたときと同じ方向を向いていますね。なぜでしょう？　鉛筆が動かなかったからでしょうか。

実際には、鉛筆は電車と一緒に動くわけですから、円弧の上を動くたびにその弧の中心角の分だけ回転していることがわかるはずです。

たとえば、次ページの図のＡからＢへ移動する場合、鉛筆も∠ａだけ回転しています。ちょっと注意が必要なのは、∠ｂに対応する弧です。∠ａに対応する弧とは反対の向きに回転しています。ですから、ここは、－∠ｂだけ回転したと考えてよいでしょう。

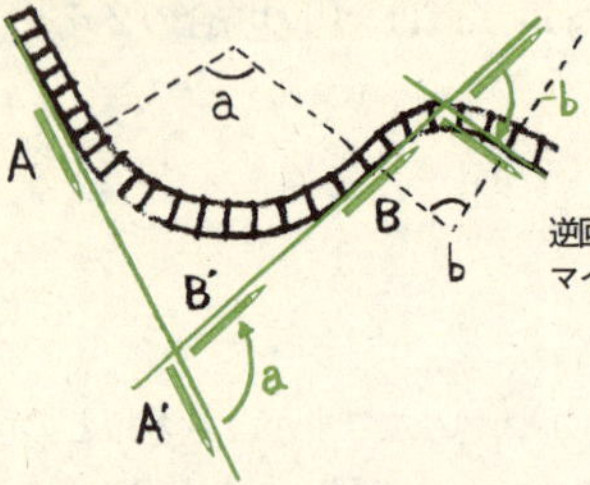

逆回転しているところは、
マイナスで計算

弧 AB 間で鉛筆が回転した角度は、A′ から B′ までの回転の角度とも考えられます。同様に、∠b に対応する弧は、－∠b の回転の角度とみなせます。

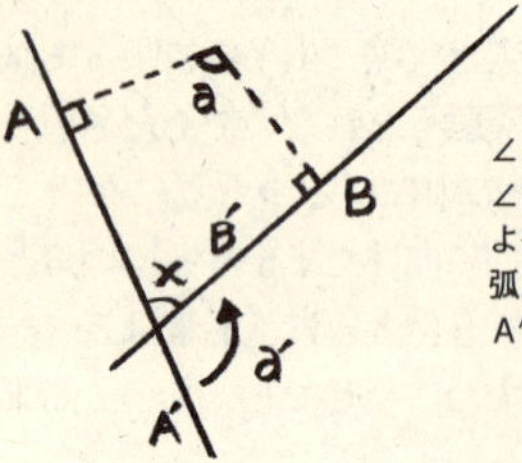

$\angle a = 360^\circ - 90^\circ \times 2 - \angle x = 180^\circ - \angle x$
$\angle a' = 180^\circ - \angle x$
よって、$\angle a = \angle a'$
弧ＡＢ間で鉛筆が回転した角度は、
A′ からB′ までの回転の角度と等しい！

問題６－１の図で考えると、鉛筆が回転した角度は、すべての角の和（逆回転をマイナスとして）と考えられます。そして、途中戻ったりはするものの、結果的に一回転していることがわかります。

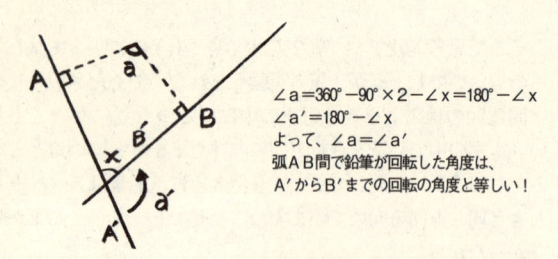

これは、

$$a - b + c + d + e + f = 360^\circ$$

を意味しています。

今度は、「山手線のように一周する線路なら、戻ってきたときに鉛筆がスタートしたときと同じ方向を向く。そして、それは鉛筆が一回転したことによるものだ」と確信できるでしょう。答は変わりませんが、納得度は増します。

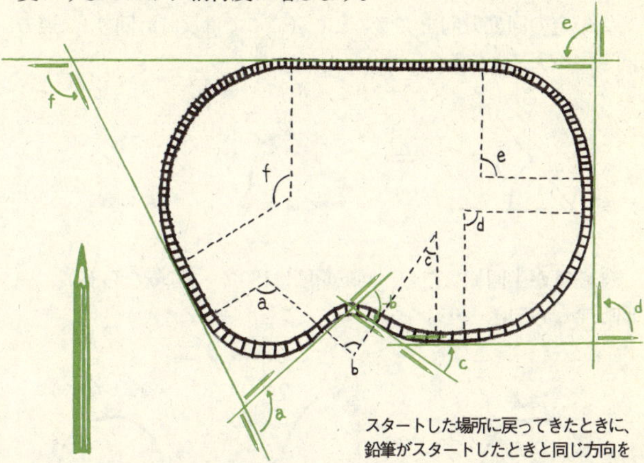

スタートした場所に戻ってきたときに、
鉛筆がスタートしたときと同じ方向を
向いていたら一回転したことになる

小学生でもわかる高度テクニック

鉛筆で角の和を計算する方法は、いろいろな角度の問題に使えそうです。改めてまとめておきましょう。注意してほしいのは、次の3点です。

①レールの問題でも動きながら回転していった。鉛筆の向きだけが問題で、場所は移動してもよい。

②一定の回転方向をプラスとし（ここでは反時計回り）、逆方向をマイナスとする。

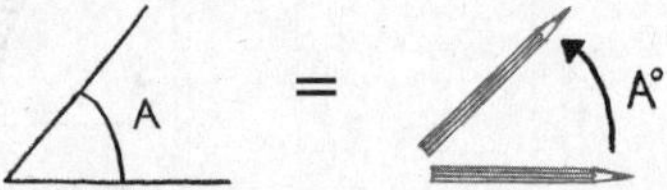

＋A°の回転

③鉛筆が半回転したら、回転角度は180°、一回転なら360°、一回転半なら540°……。

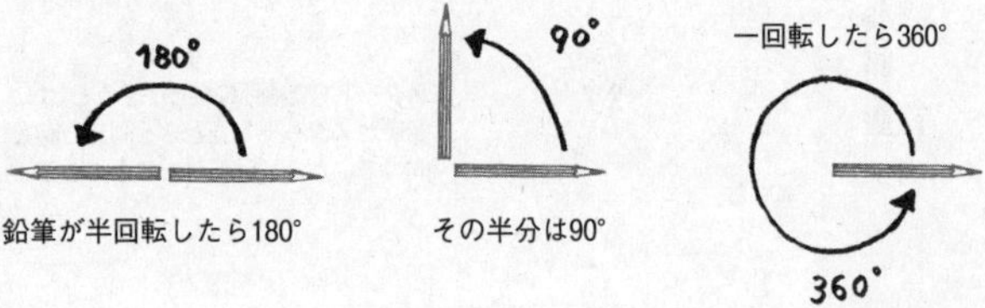

鉛筆が半回転したら180°　その半分は90°　一回転したら360°

また、次の図のように、Oを中心として先端をbだけ回せば、鉛筆のお尻の方も同じ角度だけ回ります。対頂角（2つの直線の交点において、向かい合う角）が等しいことがわかりますね。

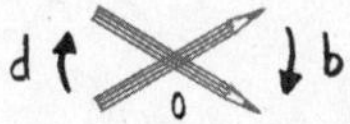

対頂角は等しい（∠b＝∠d）

ではまず、三角形の内角の和が180°になることを鉛筆回しの方法で確かめましょう。

小学校では、三角形をハサミで切って、１カ所に集めて確かめましたね。

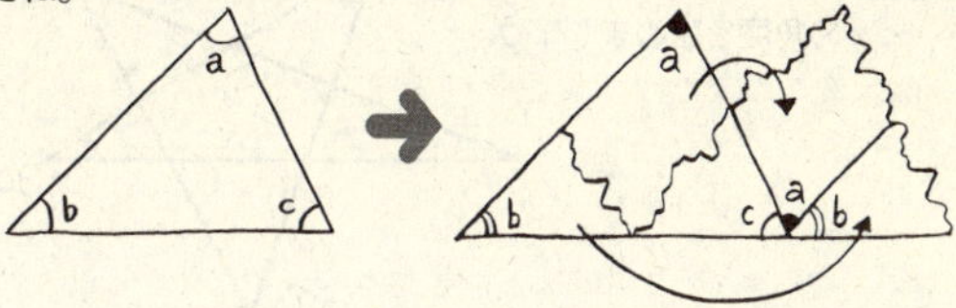

この方法は小学生にはいい方法のように見えますが、紙とはさみを別に用意しなければなりません。また、今の子どもは、はさみの使い方が下手で、このような簡単な作業でもうまくできないことがあります。

ところが、次のように、ａ、ｂ、ｃの順番で鉛筆を回転する方法は、特別な用意もいらないし、少しくらいずれても平気です。なお、∠ｂの部分は、対頂角が等しいことを利用しています。

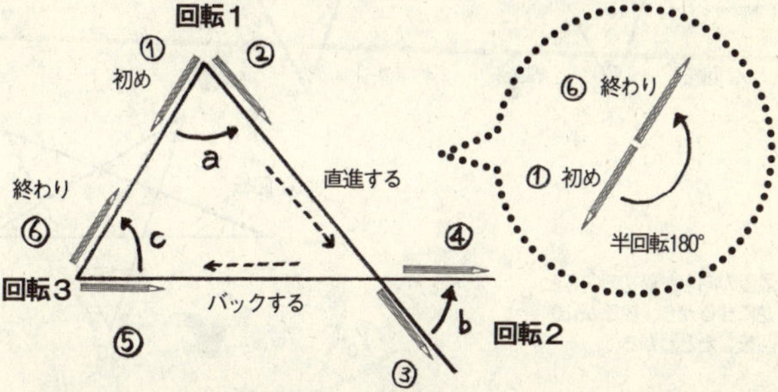

①→回転１→②→③→回転２→④→⑤→回転３→
⑥の順に鉛筆を動かしてみよう

複雑な図形も鉛筆があれば大丈夫!?

鉛筆を使って解く問題を、少しあげておきましょう。

問題6-3

∠xの角度を求めましょう。

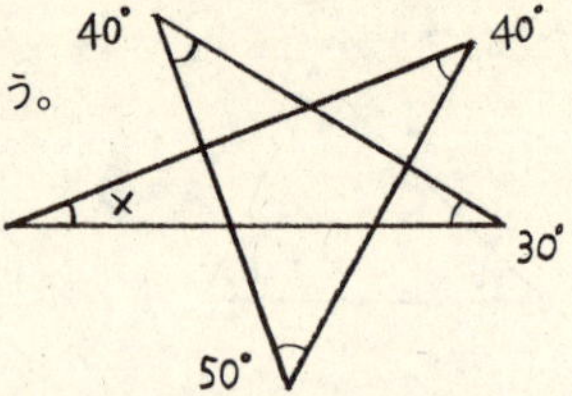

求め方には、いろいろな方法がありますが、鉛筆を回していけば、1つの法則が見つかります。それは、図のような星形奇数角形の内角の和は常に180°ということです。

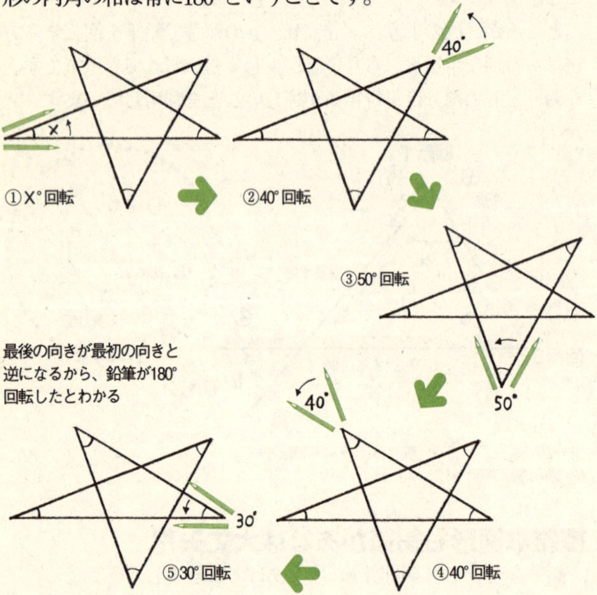

図の操作で鉛筆が半回転しましたから、角をすべて加えたら、180°になることがわかります。ですから、

$$x + 40^\circ + 40^\circ + 30^\circ + 50^\circ = 180^\circ$$

となり、これから、

$$x = 180^\circ - (40^\circ + 40^\circ + 30^\circ + 50^\circ) = 20^\circ$$

と求められます。

問題6-3の答　20°

今度は、次のような図形の角度を求めてみましょう。

問題6-4

∠yの角度を求めましょう。

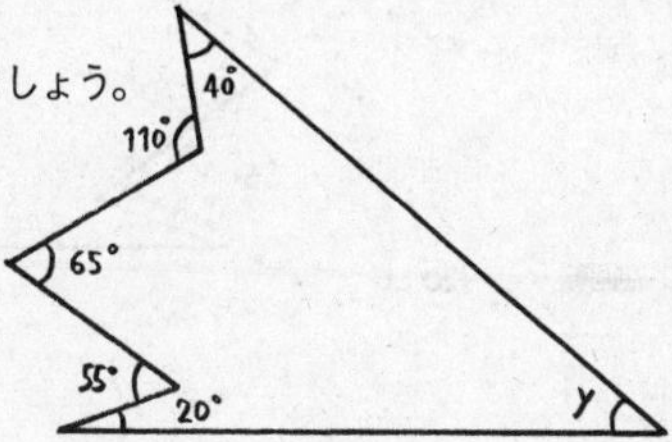

少し前まで、ある有名な進学塾の問題集には、下図のように「内角を求めて、六角形の内角の和が720°であることを利用する」と書かれていました。

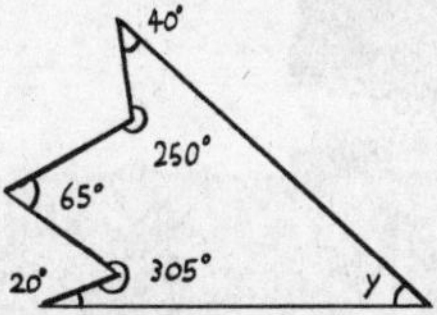

つまり、y＋40°＋250°＋65°＋305°＋20°＝720°からyを計算する方法です。

もちろんそれでも求められますが、計算は鉛筆を使う方法のほうがずっと簡単です。

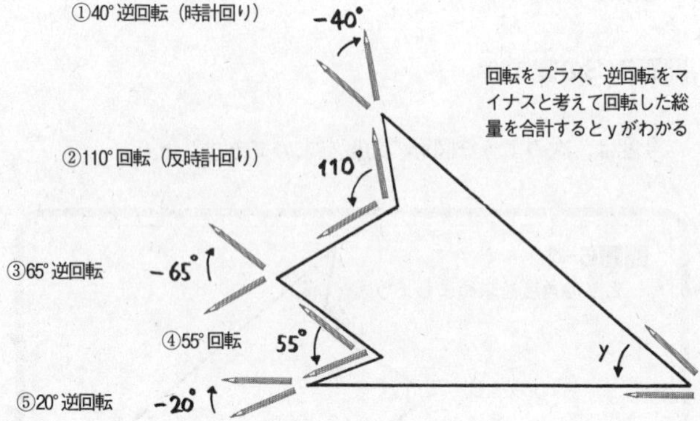

わかっている角度に合わせて、鉛筆を回します。まず、40°逆回転（①）、続いて110°回転（②）、また逆回しで65°（③）、今度は55°回転（④）、最後に20°逆回転（⑤）します。①、③、⑤は、対頂角で回します。最初に鉛筆を置いた位置と、鉛筆が止まった位置に注目すると、∠yと同じ角度だけ回転していますね。

この操作を式で表すと、以下のようになります。

$$y = -40^\circ + 110^\circ - 65^\circ + 55^\circ - 20^\circ = 40^\circ$$

よって、∠yは40°であることがわかります。

問題6-4の答　40°

解けば解くほど見えてくる

このような複雑な図形の問題を2題解いたくらいでは、「手続きが面倒だ」という印象しか残らないかもしれませんので、もう1つ複雑な問題に挑戦してみてください。そうすると、この種のギザギザ図形の性質が見えてくるはずです。

問題6-5

$\angle z$をaからgを使って表しなさい。

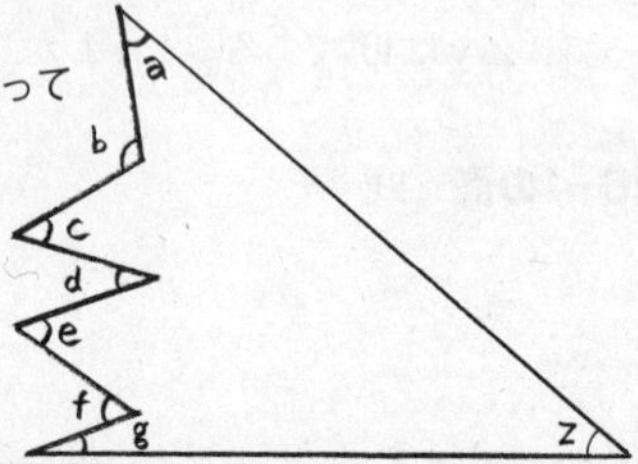

問題6-5の解き方

$\angle z$の分の鉛筆の回転量は、a°逆回転→b°回転→c°逆回転→d°回転→e°逆回転→f°回転→g°逆回転、と回転させて得られる回転量と等しくなります。よって、$-a+b-c+d-e+f-g$で表すことができますね。

問題6-5の答　$z=-a+b-c+d-e+f-g$

どうです、慣れると鉛筆回しのほうがはるかに簡単ですし、こういう問題の法則性が見えてきませんか？

他に鉛筆を使うと、らくになりそうな例をいくつかあげておきますので、自分で考えてみてください。

問題6-6

∠aから∠hまでの
角度の和を求めましょう。

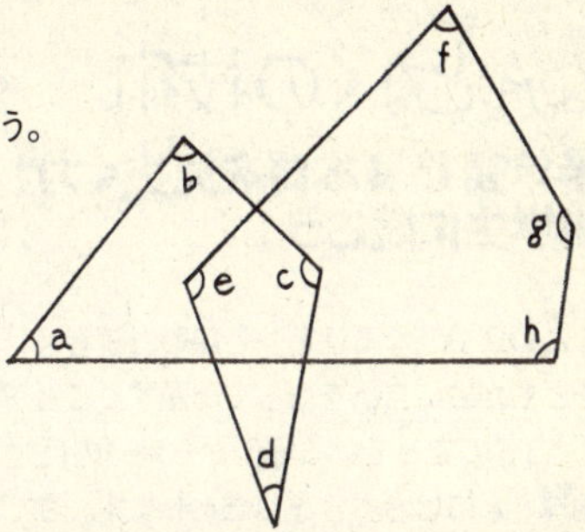

問題6-6の答　720°

問題6-7

∠xの角度を求めましょう。
なお、lとmは平行とします。

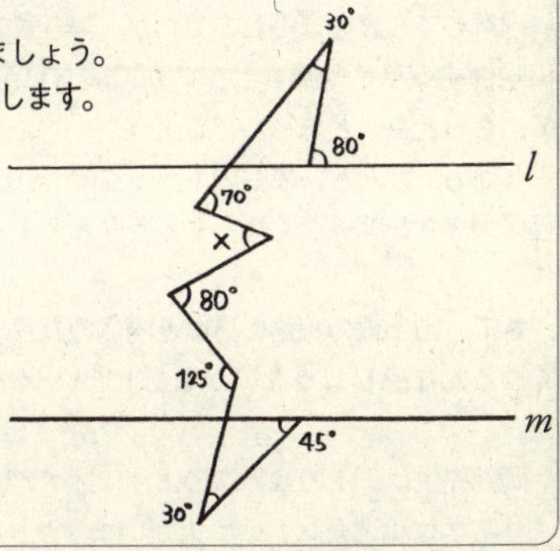

問題6-7の答　50°

岡部

なんとなくの技術

半年間で「本質を見抜く力」をつけた中学生に続こう！

この章で「なるほど」と頷《うなず》いた読者は、もはや、次のような問題を子どもたちに自信をもって出題することができるだろう。

「自分の立っている場所から地球の反対側を回ってグルッと一周、地球さんにはち巻きをしたとします。さて、このはち巻きを君の背の高さまで持ち上げて同じようにグルッと一周浮かせるためには、あと何mはち巻きを伸ばさなければならないでしょう」

身長150cm の小学生なら、150cm × 2 × π だから10m弱で足りることになる。あるいは、30cm 定規の高さだけ浮かしたらという問題にも、今なら２m弱でいいと答えられる。

理解してしまえばそれまでだが、第５章の問題にも相通じて、最初に想像する高さや長さと、いかに隔たりがあることか。あなただって、もっと長いと思ったでしょう？

しかも、なんと、校庭のトラックでも、山手線でも、地球でも、半径の大きさが関係なくなっちゃうなんて！

さて、山手線の線路の外側と内側の長さの差の問題では**「なんとなく、こんな感じじゃないかなあ」という感覚が大事**だという話が出た。

岡部先生は、この章で次のように述べている。

『「数学は論理だ」という人がいますが、私は、「数学では、いわゆる三段論法を積み重ねていく技術だけを学ぶ」などという考え方には賛成しません。この〝成り立ちそうだ〟という「なんとなく」の感覚も大変重要です。』（本文より引用）

〝勘の良さ〟と言ったら元も子もないかもしれないが、「なんとなくいけそう」と思ったら自信をもって突っ込んでいく勇気と決断は、あらゆる問題解決において、本質に近づく第一歩だ。

そしてその〝勘の良さ〟は、この本に出てくるような良質な問題にいくつも当たることで、養われる。

ある中学生はこんな解き方を！

中学２年生を対象に、協力校の品川女子学院では、この教科書のコンテンツをもとに「よのなか数学」の授業を半年にわたって続けた。

その際、後半の授業で第６章の最初の問題６-１を出題した折、ある生徒が授業の最後にこんなことに気づいたのだ。

「藤原さん、このレールの問題は、前に習ったように、レールがゴムでできていると考えて、どんなに線路がクネクネしていても、伸ばしてみれば二重の円であるのと変わらない、ということになりませんか？」

「えっ！」（動揺する私）

「だったら、角度をいちいち計算しなくても、はじめから円と同じだから２π×1.5m（レールの幅）って出ますよねえ」

「うん、そりゃ、そうだ」（実は、この授業、岡部先生は教授会でお休みだった。担任の数学教諭鈴木先生と悩む私）

「でも、へこんでる部分があるから、そうはならないんじゃあないの？」（と、鈴木先生。自信満々というわけでもなさそう……）

「へこんでたら必ず出っぱるし、出っぱりがあれば必ずへこむんだから、結局、円と同じに閉じてるわけですよねえ」と生徒は食い下がる。

「うーん、説得力あるなあ。よし、わかった。来週、岡部先生に聞いてみよう」

というわけで、この生徒の考え方が正しいかどうかは、ほうほうの体で翌週に持ち越した。

岡部先生が出した結論は「直感的には正解！　なぜそうなるかを説明するのに、鉛筆回しが必要なんだ」とのこと。

中2の生徒の考えたアプローチは、間違いなく、本質を見抜くものだった。

視覚を鍛えること、視覚を閉ざすこと

この生徒は、明らかに**「よのなか数学」の授業を受け続けて数学的な「視覚」がだいぶ鍛えられた**のではないかと思う。だから「なんとなく」円と同じなんじゃあないかと考えた。

たいていの問題解決では、視覚的に考えて問題を図示することができれば、解決が早まることは、よく知られている。だから、第7章でも視覚的に考える技術について学んでもらうつもりだ。

一方で、多少逆説的に聞こえるかもしれないが、本質を見抜く〝勘の良さ〟を鍛えるためには、たまには「視覚」を閉ざして、人間の本来持っている他の「五感」を刺激することも必要だろう。「聴覚」「嗅覚《きゅうかく》」「味覚」「触覚」そして「第六感（インスピレーション）」だ。

岡部先生自身はフォークダンスで五感を鍛えているらしいが、座禅を組んで瞑想《めいそう》し、視覚を封じて体全体で地球や宇宙を感じることを勧める人もいる。

私のオススメは、人工的に作った、自分の手の先も見えないほどの真っ暗闇の空間を、「聴覚」「嗅覚」「味覚」「触覚」だけを頼りに歩き回る「Dialog《ダイアログ》 in《イン》 the《ザ》 Dark《ダーク》（闇のなかの対話）」という、ドイツで生まれたイベントだ。

2002年秋にドイツ文化会館で日本では5度目の公開イベントがあり、私も参加する機会を得た。

「Dialog in the Dark」では、視覚障害者に先導されながら、小石

や砂が敷いてある真っ暗闇のなかのコースを歩き回り、遊具や木立や彫像に触れ、花の匂いをかぎ、わずかな水の音に耳をすます。コースの最後には、やはり視覚障害者のバーテンダーにワインを注いでもらって、見えないワインを味わう。私たちが周囲から受け取る情報の入力手段として、約70%を支配している視覚を閉ざすことで、人間の五感を取り戻そうという、ヨーロッパのムーブメントから生まれたものだ。

もちろん、真っ暗闇のなかで星空を仰げる地方に住んでいる人には、こんなたいそうな装置は要らないだろう。

ただ、黙って、星の声に耳を澄ませばいいのだから。

藤原

Chapter 7

第7章

発想力でライバルに差をつける

体積の大胆不敵な求め方

　ケーキなどを切っていて、「変わった切り方をしたらどうなるだろう」と考えたことはありますか？　私はできるだけ自分がたくさん食べたいので、よく考えます。そうすると、問題になるのは体積ですね。

問題7-1

　平面ＡＢＣＤでケーキを切ったときに、切り離された下の部分の体積を求めましょう。底面は一辺が10cmの正方形、Ａの高さは７cm、Ｃの高さは１cmとします。

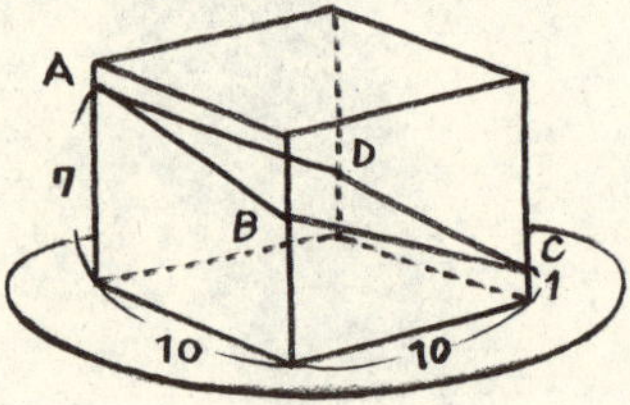

何通りかの解答方法があります。たとえば、次の解き方❶です。

問題7-1の解き方❶

点Cから底辺までの長さは1cmですから、Aから上に1cmとなるような直方体（つまり、直方体の高さを強引に8cmとしてしまうのですね）を考えましょう。すると、立体の上部と下部は合同な立体になり、この切断は直方体を半分に切断するものだ、と簡単にわかりますね。

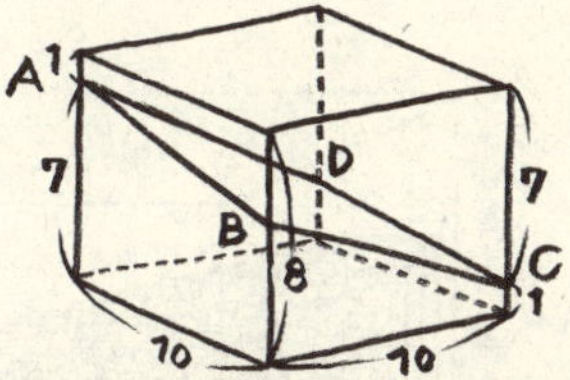

高さ8cmの直方体の体積は$10\times10\times8=800$(cm^3)ですから、求める立体の体積はその半分で、400(cm^3)になります。

問題7-1の答　400cm^3

ハシのハシとハシに注目！

これで、メデタシ、メデタシなのですが、思考の範囲を広げるために、別の解き方も考えてみましょう。

問題7-1の解き方❷

立体を、たくさんの細い直方体、つまり割箸《わりばし》のようなものの集合として考えてみるのです。数学では「近似《きんじ》する」と言いますが、近似して置き換える思考法です。もちろん、それぞれの箸は長さが違います。Aはいちばん長くて、Cはいちばん短いですね。

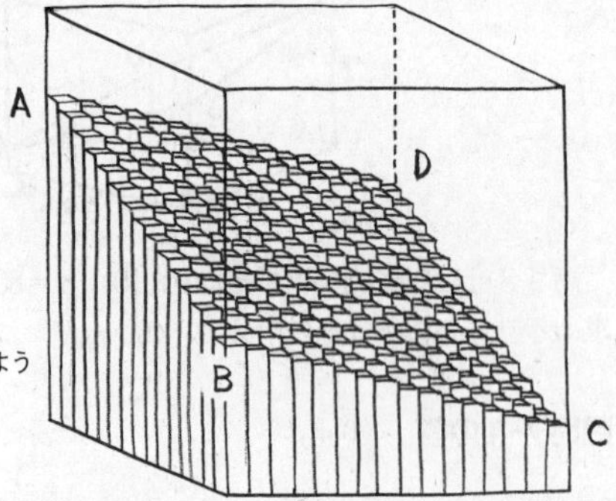

ハシで近似して考えてみよう

すべてのハシの長さの平均をとってみると、どうなるでしょうか？

Aの長さとCの長さを足して2で割ると、ちょうどACの中点の位置にあるハシの長さと等しくなります。次ページの図を見てください。ACの中点とは、2つの対角線ACとBDが交わる点Gです。点Gを通る線は、すべて点Gで二等分されます。

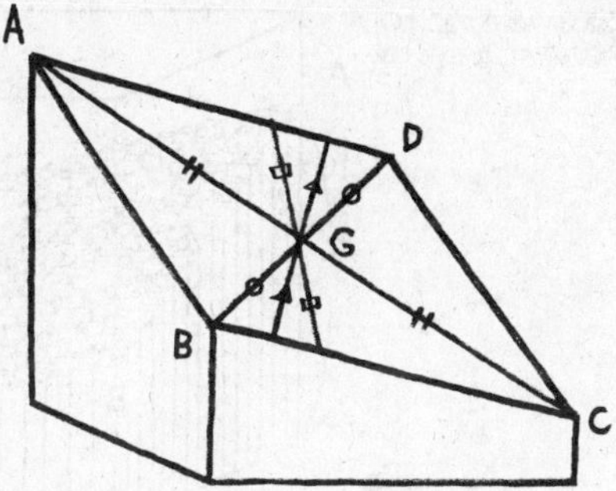

点Gを通る線分はすべて、
点Gで二等分される

よって、立体の平均の高さは、線分ＡＣとＢＤの交点Gの高さと等しくなります。交点Gの高さより出っ張っているハシを切って、Gをはさんで対称となる場所に切ったハシを継ぎ足せば、すべてのハシの高さをGの高さにそろえることができます。

交点Gの高さが立体の
平均の高さになる

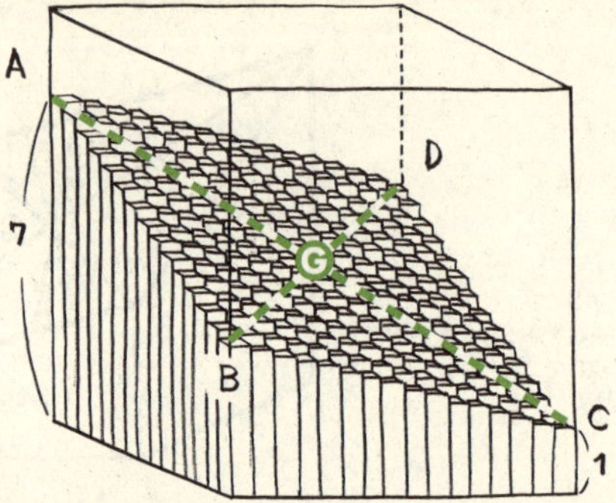

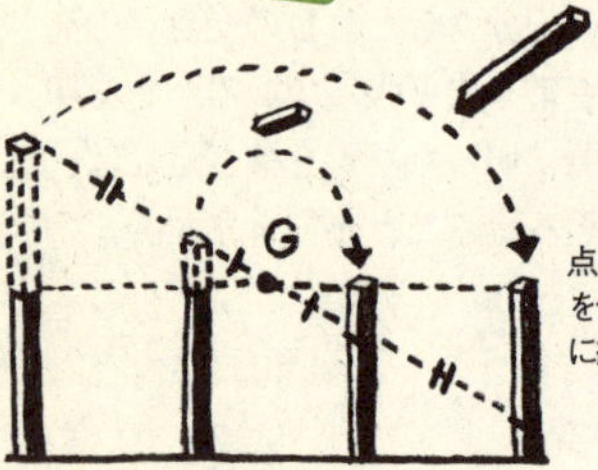

点Gの高さより高いハシ
を切り取って、低いハシ
に継ぎ足す

切りそろえると

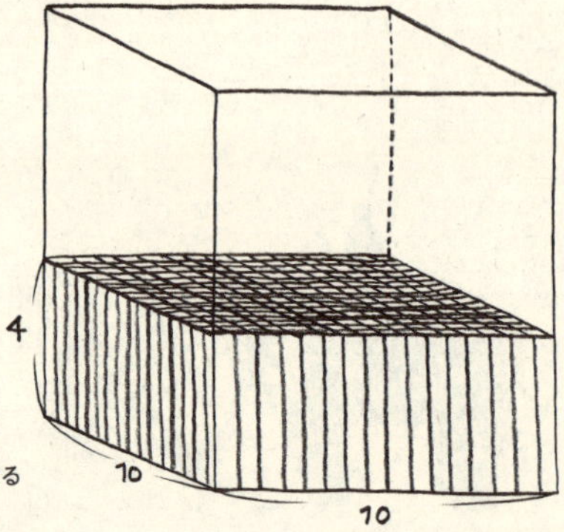

立体の高さは4cmになる

ハシの移動により、図形は直方体になります。また、ＡとＣの真ん中であるＧが平均の高さですから、

$$\frac{\text{Aの高さ}+\text{Cの高さ}}{2}=\frac{7+1}{2}=4$$

です。よって、直方体の体積は

$10\times10\times4=400(\mathrm{cm}^3)$

と求めることができますね。

そうすると、次のことが成り立ちます。

「直方体をある平面で切ったときの立体の体積は、切り取った面（平行四辺形）の対角線の交点の高さを平均の高さと考えることができる」

具体的には、切り口である平行四辺形ABCDのＡとＣ（あるいはＢとＤ）の高さの平均を高さとする四角柱と同じ体積になります。実は、この原理は、「パップス・ギュルダンの定理」と呼ばれている定理の特別なケースです。

そして、解き方❷のよいところは、立体がちょっと複雑な場合でも応用がきくことです。次の問題にも応用できますよ。今度はケーキじゃなくて、羊羹《ようかん》の切り方みたいですね。

問題7-2

３つの辺の長さがそれぞれ５cm、９cm、15cm である直方体の両端を、図のように２つの平面で切断します。真ん中の立体の体積を求めましょう。

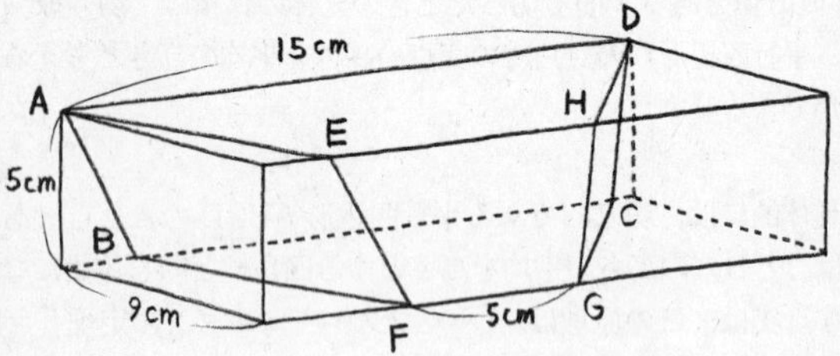

問題7-2のヒント

立体を細い直方体で近似して、平均の長さを求めればよいのです。

切り取った図形をハシで近似すると、
真ん中のハシ（IJ）の長さが平均の長さ

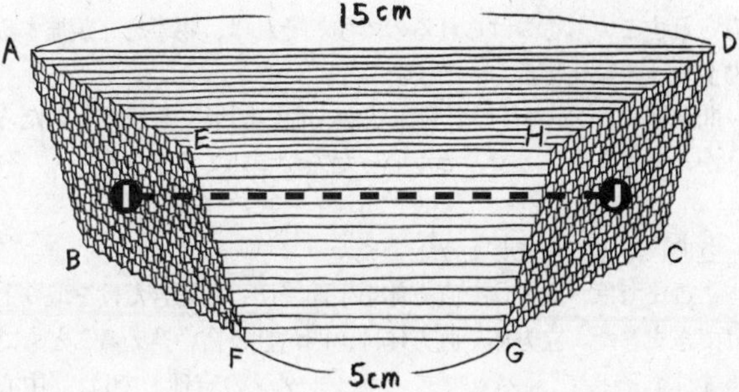

真ん中のハシの長さ（点Iと点Jを結んだ線）が平均の長さになりますね。さらに、線分IJの長さは、次の図のように簡単に計算できます。

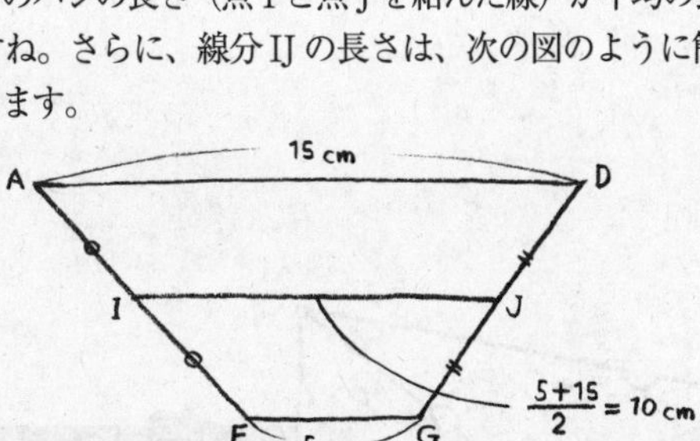

よって、体積は、$5\times 9\times 10=450$（cm^3）になります。

問題7-2の答　$450cm^3$

三角形に中心はあるのか？

ここで終わっては面白くありません。さらに、発展を考えます。

数学を学んで得られる力は、計算力や公式の記憶力だけではありません（もちろん、これだって馬鹿にしてはいけませんよ！）。もっとすごい力をつけられるのです。それは、物事を「類推する力」や「一般化する力」です。

問題7-2の四角柱の計算方法が、他の図形にも使えないだろうか、と考えることで、そういった力がついてきます。

さあ、考えてみましょう！

ここまでは、立方体や直方体を平面で切った場合だけを取り上げてきました。立方体や直方体は、四角柱と言い換えることもできます。そして、「パップス・ギュルダンの定理」では、「中心点」が1つのキーワードでしたね。どうやら、底面（平面で切った切り口でもよい）に中心点がある図形ならうまくいきそうです。

円柱や楕円柱などでも、ハシの束《たば》に近似して、すべてのハシの高さを真ん中のハシの高さにそろえればよいのですから、応用できますね。さあ、これで少し範囲が広がりました。

では、三角柱ではどうでしょうか？　これは、「三角形には中心があるのだろうか？」という問題とも関連します。

実は、一般的には、三角形に中心はありません。でも、中心に近いものがいくつかあります。

外心（三角形の外側に接する円の中心で、３頂点からの距離の中心）

内心（三角形の内側に接する円の中心で、３辺からの距離の中心）

重心（重さの中心）

と呼ばれているものです。

この他にも、「垂心」というものもあります。

違う名前がついていることからもわかるように、一般的には、これらはみな違う点です。

ですから、これぞ中心、とは言えないのです。

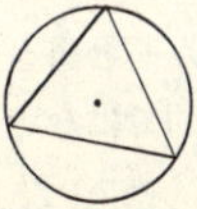

外心
外接円の中心

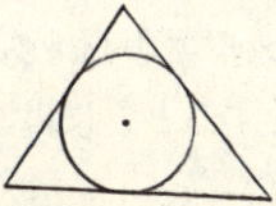

内心
内接円の中心

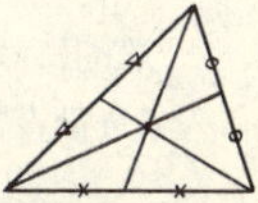

重心
各々の頂点と向かい合う辺の中点を結んだ線の交点

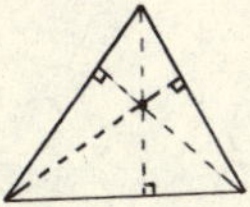

垂心
各々の頂点から向かい合う辺に引いた垂線の交点

中心点をひねり出せ！

三角形に中心点がない……なんて、くじけてはいけません。何かよい解決策があるはずです。次の問題を考えながら、それを見つけ出しましょう。

問題7-3

底面積が30cm^2、Aの高さが10cm、Bの高さが9cm、Cの高さが5cmの三角柱を平面で切った立体があります。この立体の体積は、何cm^3になりますか？

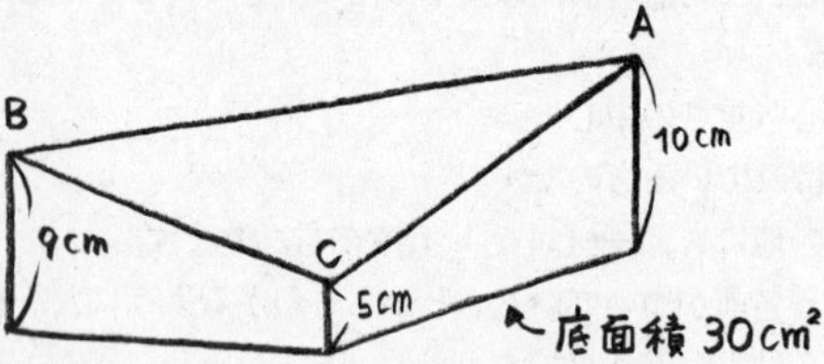

さきほど、「一般的には、三角形に中心はありません」と書きましたが、このような書き方をするときには、〝一般的ではない

特別な″場合があるのだと考えてください。では、それは、どのような場合でしょうか？

すぐにわかりますよね。正三角形の場合です。正三角形には、中心と言っていい真ん中があります。つまり、正三角形では外心も内心も重心もすべてその真ん中の点になります。この点を中心点と言っていいでしょう。

ですから、底面が正三角形の場合は、その中心点が立体の高さを決める鍵《かぎ》になります。底面の中心点から上面へ垂直に伸びる線（つまり、垂線）の長さが高さの平均値になりますよね。立体の平均の高さがわかれば、体積＝底面積×高さの公式を使って、体積を求めることができます。

問題は、この中心点の高さにあたるものを、どうやって一般の三角柱で考えるか、です。つまり、「底面が正三角形ではない立体の体積」の問題に、どのように利用できるか、ということです。

またまた、ハシを使って問題7－3の立体を近似してみましょう。底面が正三角形なら、中心点さえわかれば、体積を求めることができますね。ですから、底面が正三角形になるよう、ハシを操作してみましょう。

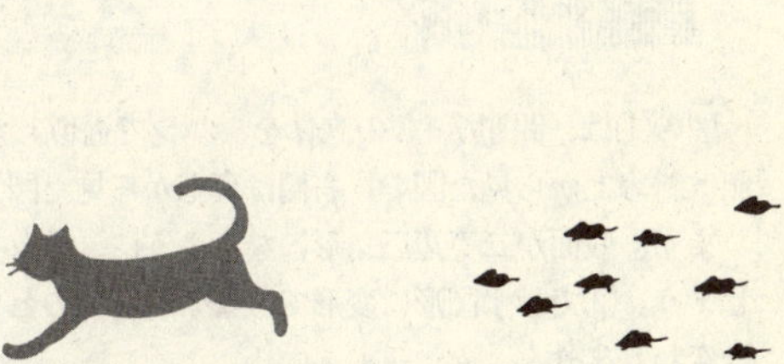

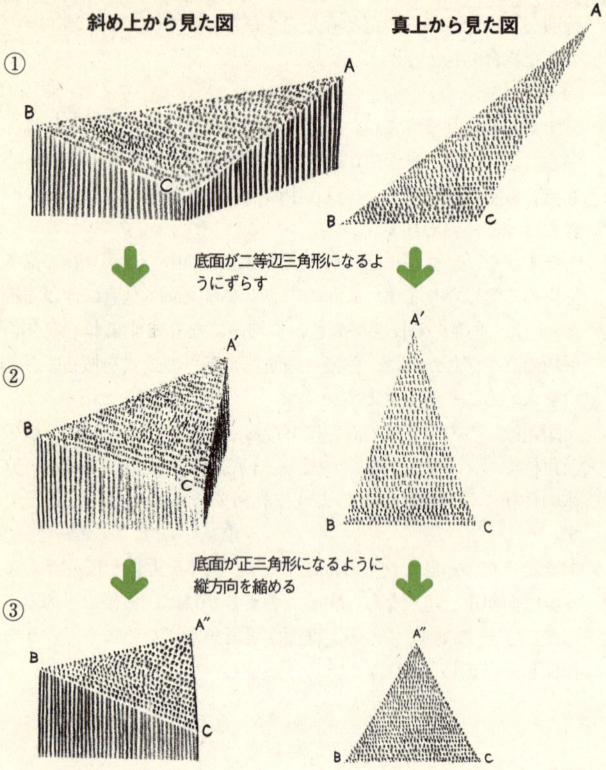

図の①は、問題7－3の立体を、ハシで近似したものです。左側は斜め上から見た図で、右側は真上から見た図です。

まず、底面が二等辺三角形になるように、ハシを移動してみましょう。②で示す図形に変形できますね。このとき、立体の体積は変わりません。

次に、底面の縦方向を縮め、底面が正三角形になるように変形します。つまり、ハシを少し細くするのです。このとき体積は縮めた分だけ減りますが、ハシの相対的な位置関係（比）は変わりません。

逆の道をたどって、正三角形から二等辺三角形、二等辺三角形から最初の三角形へと、元の立体へ戻してみても、ハシの太さや位置は変わりますが、平均の高さと中心（つまり、平均の高さを示すハシの場所）の位置関係は変わりません。

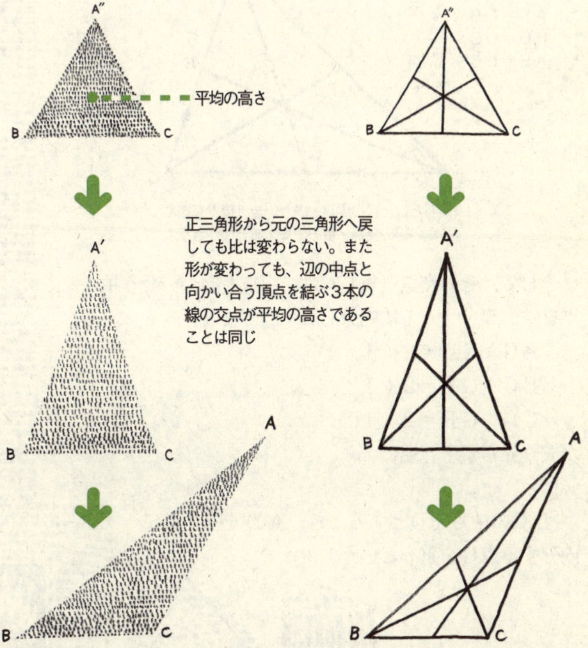

正三角形から元の三角形へ戻しても比は変わらない。また形が変わっても、辺の中点と向かい合う頂点を結ぶ3本の線の交点が平均の高さであることは同じ

重心って?

中心点に近いものとして、外心、内心、重心をあげましたが、そのなかで比によって決まるのは重心です。

ここで、「重心とは何か」を、説明しておきましょう。

図のように、重心は、各辺の中点（辺を二等分する点）と向かい合う頂点を結んだ３本の線の交点です。

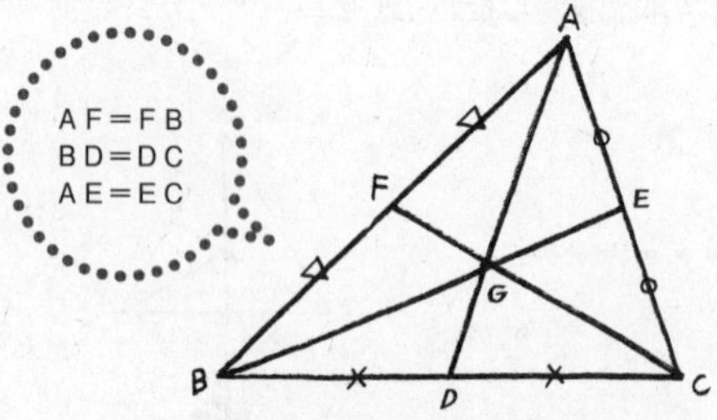

重心とは、辺の中点と向かい合う頂点を結ぶ３本の線の交点。重心で支えるとつり合うよ

そして、その交点（重心）は、中点と向かい合う頂点を結ぶ線を２：１に内分します。つまり、

　ＡＧ：ＧＤ＝２：１
　ＢＧ：ＧＥ＝２：１
　ＣＧ：ＧＦ＝２：１

が成り立ちます。逆に、

「ＢＣの中点をＤとするとき、ＡＤを２：１に内分する点Ｇを重心という」

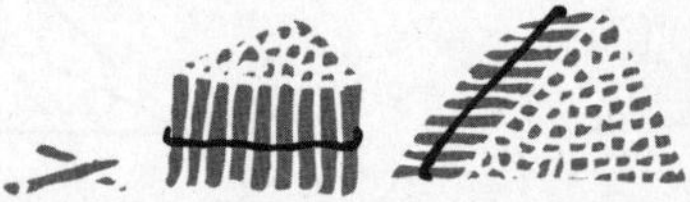

と定義することもできます。
理由は以下のとおりです。
下の図のように、ＢＣ上にＦ（ＡＤとＥＦは平行、ＥはＡＣの中点）をとると、

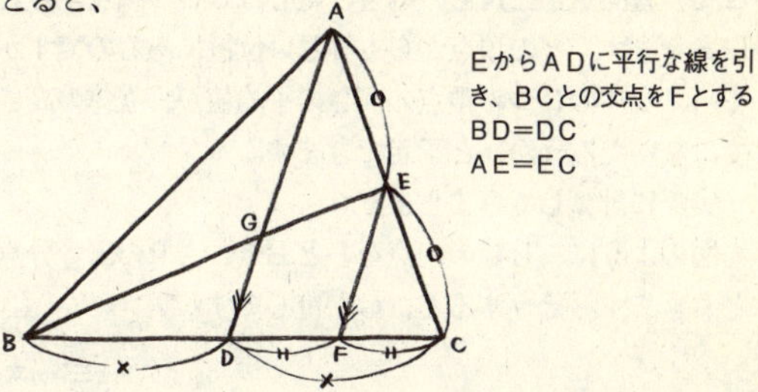

EからADに平行な線を引き、BCとの交点をFとする
BD=DC
AE=EC

中点連結定理によって、$\mathrm{EF}=\dfrac{\mathrm{AD}}{2}$……①
また、$\mathrm{DF}=\mathrm{CF}=\dfrac{\mathrm{BD}}{2}$

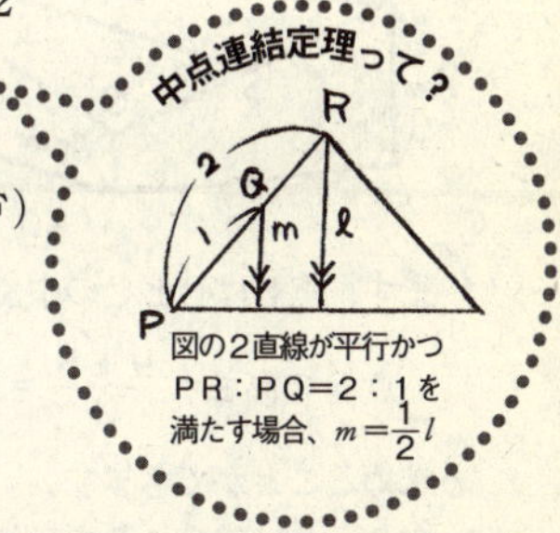

これから、

$$
\begin{aligned}
\mathrm{BD}:\mathrm{BF}&=\mathrm{BD}:(\mathrm{BD}+\mathrm{DF})\\
&=\mathrm{BD}:\left(\mathrm{BD}+\frac{\mathrm{BD}}{2}\right)\\
&=\mathrm{BD}:\frac{3}{2}\mathrm{BD}\\
&=1:\frac{3}{2}
\end{aligned}
$$

よって、

$$\mathrm{BF}=\frac{3}{2}\mathrm{BD}$$

つまり、△ＢＤＧを$\dfrac{3}{2}$倍に拡大したものが△ＢＦＥになります。
ゆえに、①より、$\mathrm{GD}=\dfrac{2}{3}\mathrm{EF}=\dfrac{2}{3}\left(\dfrac{\mathrm{AD}}{2}\right)$
これから、$\mathrm{GD}=\dfrac{\mathrm{AD}}{3}$
これは、ＡＧ：ＧＤ＝２：１を意味します。

体積を求める公式のからくり

では、いよいよ問題7－3の立体の平均の高さを求めましょう。底面が正三角形の場合の中心の高さを求めればいいのですね。ここで、底面が正三角形の場合、重心は3つの頂点から対等の距離にあります。どの頂点からも等しい位置にあるのですから、どうやら、立体の3つの頂点の高さの平均値が、立体の高さになるのではないだろうか、と予想できます。

実際に計算してみましょう。

図のように、BCの中点をPとおき、APの三等分点をR、Qとおきます。そうすると、Qが重心ですね。

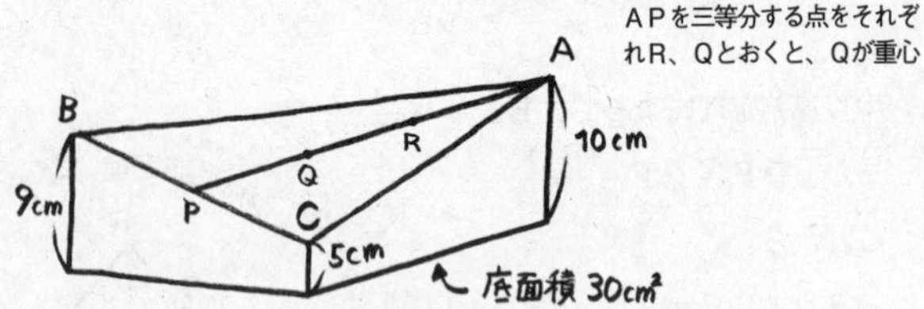

APを三等分する点をそれぞれR、Qとおくと、Qが重心

まず、点PはBとCの中点ですから、

$$点Pの高さ = \frac{9+5}{2} = 7\,(\mathrm{cm})$$

と求めることができます。

点R、Qは線分APを三等分しています。点Aの高さ10と、点Pの高さ7の間に9、8を入れると、ちょうど10、9、8、7、と等間隔の数列ができます。　つまり、点R、Qの高さをそれぞれ9、8と設定すると、APが直線になります。

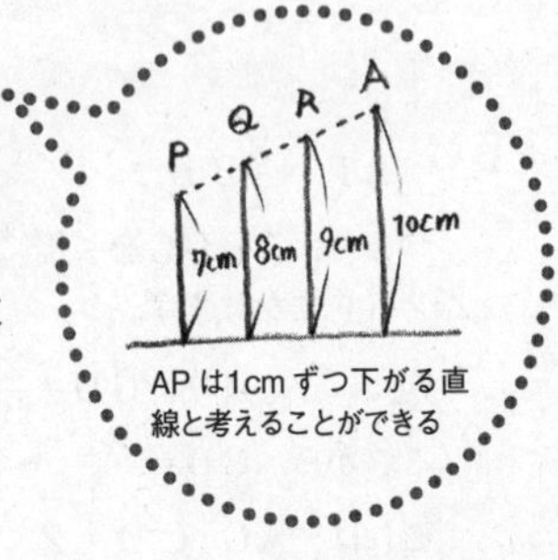

ですから、重心Qの高さは、8cmであることがわかります。そしてこれが、立体の平均の高さなのです。

よって、求める立体の体積は、底面積×高さで、

$$30 \times 8 = 240(\mathrm{cm}^3)$$

になります。

問題7-3の答 $240\mathrm{cm}^3$

ここで、高さ8に注目してみましょう。8は、点A、B、Cの高さを利用して、

$$\frac{10+9+5}{3}=8$$

と計算されたと考えることもできます。

中心の高さは、3つの頂点の高さの平均だろう、という予想が当たりましたね。

ところで、立体を変形するとき、比を変えないように変形したのですから、二等辺三角形でも平均の高さは重心の高さと等しいと言えます。また、二等辺三角形をずらしただけの元の三角形でも、同じく、平均の高さは重心の高さと等しいと言えます。

一般に、三角柱をある平面で切ったとき、3つの頂点の高さをそれぞれ a cm、b cm、c cm とすると、

$$重心の高さ=\frac{a+b+c}{3}\,(\mathrm{cm})$$

になります。

さらに、三角柱を平面で切ったとき、底面△ABCの面積がS cm^2、3つの頂点の高さがそれぞれ a cm、b cm、c cm である場合、その立体の体積は、

$$\frac{a+b+c}{3}\times S\,(\mathrm{cm}^3)$$

となります。

一般に、重心の高さが3つの頂点の高さの平均の値になることを証明してみよう！

A、B、C、Dの高さをそれぞれa、b、c、dとおきます。また頂点の高さは、a、b、cの順に高いとします。

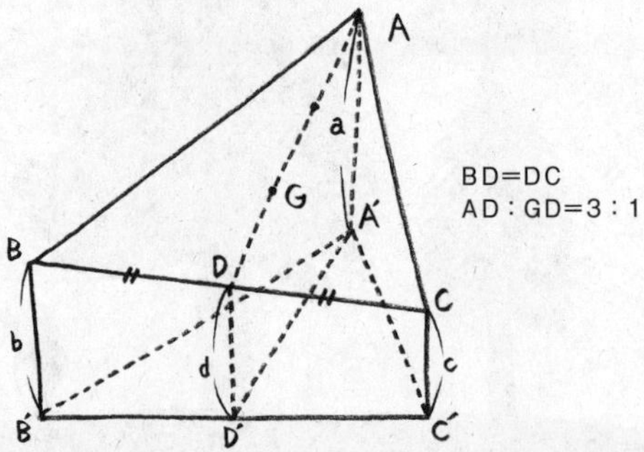

DはBCの中点だから、次の図のように立体を真横から見れば、dは、

$$d=\frac{b+c}{2}\cdots\cdots①$$

となりますね。

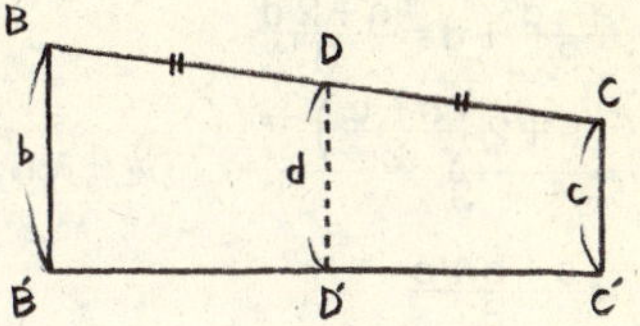

$d=\frac{b+c}{2}$

次に、ADを3等分したD側の点がGであることに注意してGの高さをaとdで表してみましょう。

平面ADD′A′を切り出してみると、次の図のようになりますね。

Gの高さは

$\frac{a-d}{3}+d=\frac{a+2d}{3}$

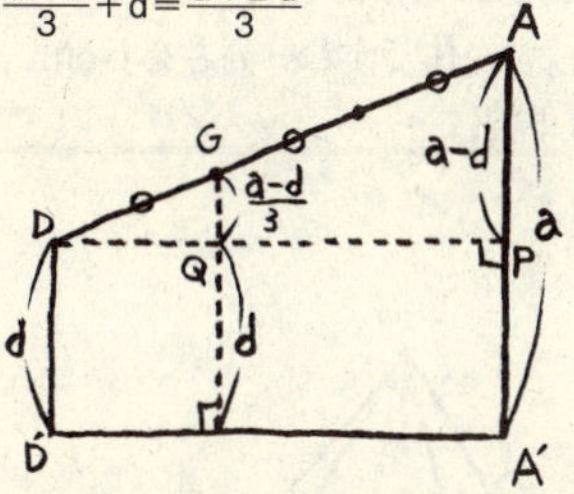

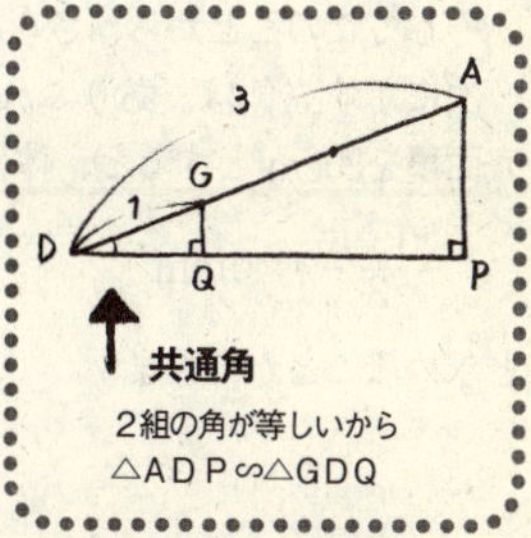

この平面上に、DからAA′に向かってDと同じ高さの線を引き、AA′との交点をPとおきます。さらにGから底辺に垂線を引き、DPとの交点をQとおきます。

△ADP∽△GDQ（∽は相似を表す）で、相似比が3：1だから、

$$GQ=\frac{1}{3}AP=\frac{a-d}{3}$$

ですね。よってGの高さは、以下のとおりになります。

$$\frac{a-d}{3}+d=\frac{a+2d}{3}$$

$$=\frac{a+2\left(\frac{b+c}{2}\right)}{3}\cdots\cdots$$ (①を代入した)

$$=\frac{a+b+c}{3}$$

重心の高さが3つの頂点の高さの平均値になることが証明できましたね。

重心と体積の親密な関係

そしてこのことから、さらに興味深い結果が出てきます。

次に示す立体は、ありふれた、すい体ですね。高さを6cm、底面積を20cm^2とすると、体積も単純に

$$\frac{20\times 6}{3}=40(cm^3)$$

と求めることができます。

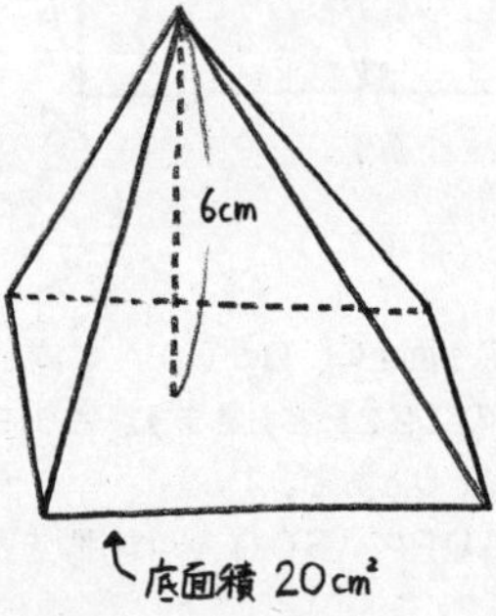

高さが6cm、底面積が20cm^2なら、
体積＝6×20÷3＝40(cm^3)

では、すい体の体積が、

$$\frac{\text{底面積}\times\text{高さ}}{3}$$

で計算できるのは、なぜだかわかりますか？

「教科書に書いてあるから」

うーん、そうですね。私もずっと教科書の執筆をしてきたので、執筆者としては「説得力がある答だね」としか言えないのがつらいところ。

でも、次のように考えれば、納得するような説明を自分自身で見つけることができますよ。

まず、この四角すいの頂点から底面へ垂線をひきます。この垂線と底面が交わる点をＨとおきます。点Ｈと頂点を結ぶ高さｈが、すい体の高さですね。

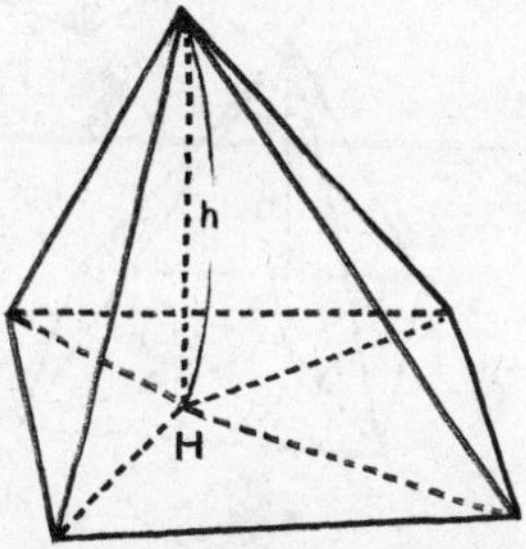

さらに、点Ｈを基点として、底面の四角形を４つの三角形に分割します。そのうちの１つを切り出してみましょう。切り出した三角すいの体積はどうなるでしょうか？　さきほど利用した、「３つの頂点の高さの平均を、立体の平均の高さと考える」方法を使うとうまくいくのですよ。

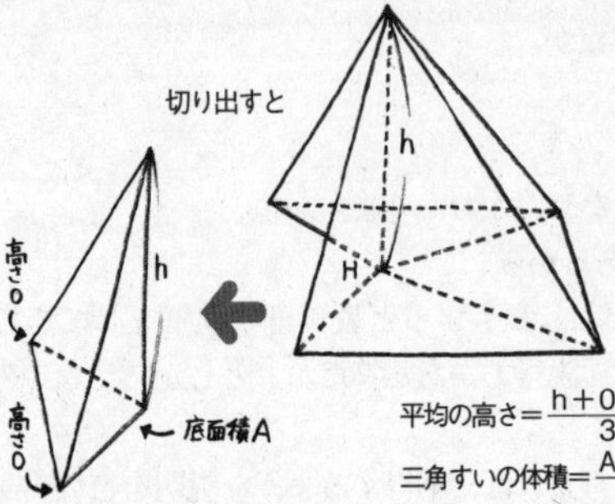

$$平均の高さ=\frac{h+0+0}{3}=\frac{h}{3}$$

$$三角すいの体積=\frac{A\times h}{3}$$

切り出した4つの立体すべてに当てはめてみると、体積はそれぞれ次の図のようになりますね。

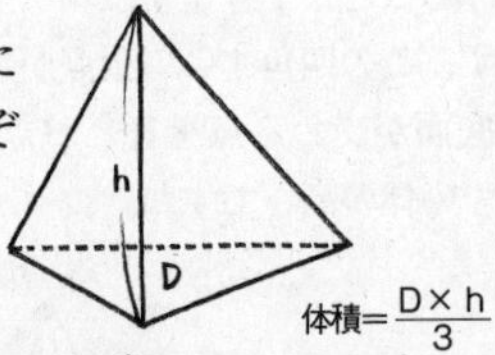

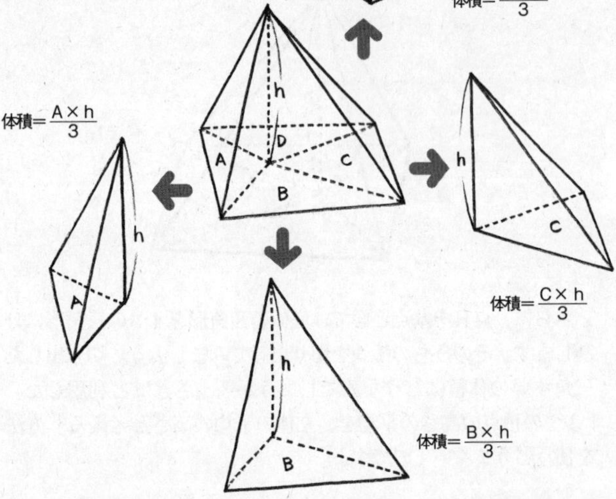

よって、四角すいの体積は、すべての三角すいの体積を足したものになります。

$$体積 = \frac{A \times h + B \times h + C \times h + D \times h}{3}$$

$$= \frac{(A + B + C + D) \times h}{3}$$

また、4つの三角すいの底面積の和であるA＋B＋C＋Dは、元の四角すいの底面積ですね。ですから、四角すいの体積は

$$\frac{底面積 \times 高さ}{3}$$

であることがわかります。

ここでは、四角すいについて考えましたが、点Hを基点にいくつかの三角形に分けただけですから、五角すいでも、六角すいでも同じように考えることができます。つまり、n角すいなら常に公式が成り立ちますね。

アルキメデスの着眼点

それでは最後に、円すいの体積も

$$\frac{底面積 \times 高さ}{3}$$

で求められるのはなぜでしょうか？

これは、正多角形の辺の数をどんどん増やしていくと、やがて円になることを利用すると説明できますよ。たとえば正六角すいの体積は、底面積×高さ÷3ですね。辺の数をどんどん増やして、正九十六角すいにしても、同じく体積は底面積×高さ÷3で求められます。正九十六角すいの底面、つまり正九十六角形は、ほとんど円に近い形と言えます。ですから、正九十六角すいは、限りなく円すいに近いすい体です。つまり、すい体の底面が多角

形でも円でも、考え方は同じということですね。
そしてなんと、この「正多角形の辺を増やして円に近づける」という方法は、アルキメデスが円周率を求めるときに使った方法なのです。

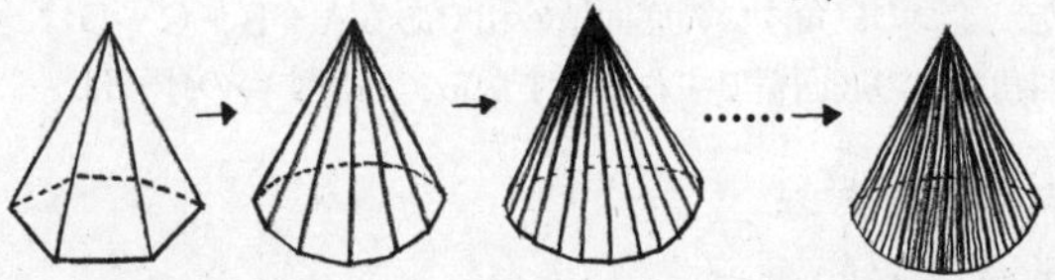
多角形の辺を2倍ずつ増やしていくと、やがて円に近づく
正六角すい
底面は六角形
十二角形
二十四角形
九十六角形は、ほとんど円だから正九十六角すいは、ほとんど円すい

岡部

近似する技術

近似する技術で、
プレゼンテーション能力を高める！

第2章で出てきた「カヴァリエリの原理（岡部先生のネーミングでは、ウンコはみ出しの法則）」も、この章で出てきた「パップス・ギュルダンの定理（岡部先生流に言い換えれば、ウンコ変形の法則!?）」も、視覚的に近似するものに置き換えて本質を見抜く技術の1つだ。

近似的にカタチを変形してみることで、複雑な問題をシンプルにとらえることができるようになる。数学的な美しさの魅力は、このへんにもある。

平面的なものに関しては、三角形の頂点を底辺に平行にどんなに移動しても高さが変わらないから面積は等しい、という感覚はかつて数学を習ったすべての人にあるだろう。しかし、立体的なものについても、割箸の束と考えて変形させて考えてよいという感覚は、多くの読者にとって、新しい感覚だったのではないかと思う。

コンピュータの技術に「モーフィング」というものがある。たとえば、自分の顔とチンパンジーの顔の両方を写真データとして入れると、チンパンジーの顔が少しずつ変化して、じょじょに自分の顔に近似されながら、最後は自分の顔になるような視覚的効果を提供するものだ。映画ではこの逆で、人間から化け物への〝変身〟シーンなどによく利用されている。

たとえ話の効用

［よのなか］の人間と人間のコミュニケーションのなかでも、「近似する技術」はあらゆるところで登場する。

早い話が「たとえ話」である。

伝えたい概念（コンセプト）を、わかりやすく表現するために、人間は昔からこの技術を使い、磨き込んできた。

「小さな努力でも毎日積み重ねれば、必ず報われる」という概念を伝えるために『ウサギと亀』のお話が広まった。いまさら、お話の筋をたどる必要はないと思うが、亀の例から、たとえ足は遅くてもレースで諦《あきら》めずに最後まで頑張れば勝つこともある、と解釈することもできるし、ウサギの例から、才能があっても他人を見くびってサボっていると成果は出ない、と解釈することも可能だろう。

数学的に「近似する技術」は、言語的には「比喩《ひゆ》する技術」だ。比喩することで、その概念をダイレクトに言うより、もっと鮮烈に本質が見えてくる。考えてみれば、これは不思議なことだと思う。

多分、人間の脳のなかでは、比喩されることによって、より多くのニューロン（神経細胞）が刺激され、より多くのシナプス（接点）が活性化して、関連する過去の記憶、知識や経験、感覚などが結びつけられることで、印象が強力になるからだろう。

たとえ物語の詳細を知らなくても、「ウサギ」はすばしっこいし、「亀」は十分にのろいから、そのことさえ知っていれば、子どもでもこの比喩は理解可能だ。

一方、同じような概念を伝える材料となっている『蟻《あり》とキリギリス』に関しては、この物語を一度でも読んだことがないと、「小さな努力でも毎日積み重ねれば、必ず報われる」という考えとは、必ずしも結びつかない。

物語のなかでは「蟻は努力家で毎日少しずつ厳しい冬への食料の準備を積み重ねていたが、キリギリスは毎日楽しく過ごすだけで準備を怠っていたからダメだった」という結論になるのだが、もともと蟻が努力家で、キリギリスがラテン系ノリの遊び人であるかどうかはわからない。蟻が努力家でありキリギリスが遊び人であるのは、生物学的な事実ではなく、物語の作者が付与した、語りを面白くするためのキャラクターにすぎないからだ。

よって、「ウサギ」はすばしっこいが「亀」はのろい（どちらが子どもにもたやすく捕まえられるかは自明）という事実を利用したほうが、比喩としてはシンプルで強い。

異論のある読者もいらっしゃるだろう。しかし、これは、どちらが物語として面白いかとか、どちらが含蓄が深いか、したがって、どちらが大人にも印象的で感銘をよぶかとは別の話だ。また、いったん物語をよく理解してしまえば、あとは、どちらがよりインパクトがあるかどうかは、個人個人の脳のなかに蓄積されたメモリーとの相性の問題になるから、好き嫌いも当然出てくる。

『ウサギと亀』は、あくまでも、シンプルに近似する技術によって、よりダイレクトに本質に近づけるという好例なのである。

できるビジネスマンは比喩に強い

［よのなか］で仕事のできる人は、ほぼ例外なく「たとえ話」が上手い。

「それって、こういうことなんだよねえ」という話しぶりをよく使う。

新車の開発でも、最初に企画会議で紡《つむ》ぎだされるのが、今度のクルマはどんなストーリーを持った、どんなキャラクターの人物（あるいは家族）が乗るかという「たとえ話」。たとえば、「パワーを秘めたワイルドな外観だが、町中では十分にジェントルな走りができる、誇り高き男のクルマ」という開発コンセプトを、「フォーマルスーツを着た誇り高きライオンが高層ビル街からパーティーの会場に疾走するシーンにぴったりのクルマ」という比喩で置き換えた自動車メーカーがある。開発スタッフ全員がこのイメージを共有化して、細かいスペックを詰めていった。だから売れるクルマが完成した。

「たとえ話」１つで、プロジェクトに関わるスタッフに一発で概念を理解させうるリーダーは、必ず出世するだろう。コミュニケーション効率が飛躍的に上がるので、プロジェクトがスムーズに進みやすいからだ。

逆に、たとえ話を受ける側、つまり聞く側の人間には注意が必要だ。

商品にせよ、展示会などにせよ、何かを宣伝する場合はメリットを強調するのが常だ。だから、聞く側は、そのたとえ話が正しいかどうかを検証する必要がある。たとえば一面に広がる草原、ふりそそぐ陽光、野生動物がゆったりと寝転んでいる様子を背景に商品が紹介されているとする。そのような広告を見たら、あなたは「環境にやさしい商品だろう」と想像するかもしれない。そして、環境にやさしいことに魅力を感じ、商品を購入してしまうかもしれない。でも、果たして本当にその商品は環境にやさしいのか。たとえ話をうのみにせず、正しいかどうかを考えるよう努めてほしい。

聞く側が慎重になれば、たとえ話をする側もより慎重になるだろう。あなたが、たとえ話をする側の立場だとしたら、より的確なプレゼンテーションが求められるわけだ。

さて、『自分「プレゼン」術』（ちくま新書）のなかにも示したけれど、プレゼンで「たとえ話」を引用する時には、次のようなことに気をつけなければならない。

『どんなにすばらしい企画でも、プレゼンテーションをするときは、相手の頭の中にあるイメージ構造を利用しなければ、分ってもらえません。知らない例をいくら出しても逆効果です。もっといってしまえば、イメージをもっていない者に対して、イメージ自体をプレゼンすることは不可能です。

たとえば１＋２＝３だとわかっている人がいる。つまり頭の中にそういうイメージがある人のことです。その人には１＋３＝４だということも理解できます。しかし１＋２＝３だということがわかってない人に１＋３＝４だということをプレゼンテーションしなくてはならなかったら、大変なことでしょう。』（第３章「印象的なプレゼンテーションの実践」より引用）

近似は常に、プレゼンする相手の頭のなかにあるイメージとの近似でなければならない。比喩というものの本質が、ここにある。

藤原

第8章

Chapter 8

恐るべき「類推」

おもりの問題からわかる、ある公式の裏側

本章のテーマは、天秤《てんびん》でものを量るときに、必要なおもりの数をできるだけ少なくしようということです。最少の努力で、最大限の成果を得るためにはどうしたらよいか、を考える訓練にもなりますよ。

さらに本章を通して、問題が難しく感じたときの対応の仕方、類推（アナロジー）の方法も学んでもらおうと思います。

ではこれから、みなさんに天秤を使って重さを量ってもらいますが、その前に、計量の条件を示します。

計量の条件

①１ｇから量り始める。
②１ｇきざみで量る。
③「ｎｇまで量れる」ということは、「１からｎまでの途中の整数値の重さが量れること」を意味する。たとえば、天秤の片側だけに載せる場合において、１ｇ、３ｇ、５ｇの３つのおもりでは、１ｇ、３ｇ、４ｇ、５ｇ、６ｇ、８ｇ、９ｇしか量れない。途中の２ｇ、７ｇが抜けているので、「９ｇまで量れる」とは言わない。

まず、天秤の片側にしかおもりを載せられない場合（理科の実験ではこれが普通ですが）について、次の問題を考えてください。

問題8-1

3個のおもりを使って、1gきざみで重さを量りたい。できるだけ多くの重さを量るためには、○、△、□の値を何gにすればよいでしょうか？

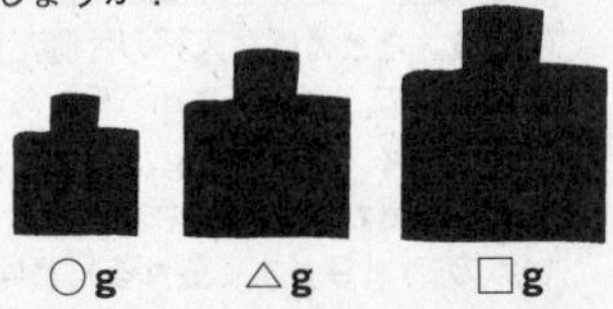

答がすぐにわかる人もいるでしょう。でも、本章で学んでほしいことの1つは、「難しい問題に対する向き合い方」です。ですから、問題8-1がすぐに解ける人も、「いきなり3個のおもりでは、少し難しい」と考えてみて、次の問題から解いてみましょう。

少し遠回りのように感じるかもしれませんが、この対処の仕方は、数学に限らず、世の中全般の問題に対処するときの基本になる大事な態度です。難問への対処法を知っておくことは、何十問もの問題を解くより役に立つはずです。

問題8-2

２個のおもりを使って、１ｇきざみで重さを量りたい。できるだけ多くの重さを量るためには、○、△の値を何ｇにすればよいでしょう？

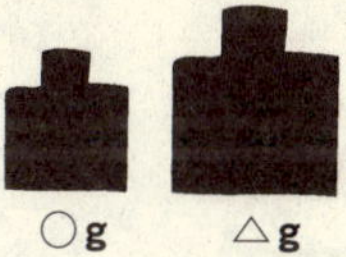

以下にヒントを出しますが、出来れば、まず自分で考えてみてください。そして、ヒントなんて必要ないと思われる人は、下のヒントを読まないで解いてください。

問題8-2のヒント

１ｇを量るためには、１ｇのおもりが絶対必要ですね。これで1つ決まりだぁ！

では、２ｇを量るためには、他に何ｇのおもりがあればいいでしょう？　えっ、「１ｇ」だって？　確かに、新たに１ｇのおもりを追加すれば、最初の１ｇとあわせて２ｇが量れるね。でも、「できるだけ多く」という条件を満たしているかな？

問題8-2の解き方

２ｇのおもりを追加すれば、次ページの図のように、３ｇまで量ることができます。

1gと2gのおもりがあれば、
3gまで量れる

問題8-2の答　○と△は1ｇと2ｇ

亀はそんなに早いのか？

この量り方が「できるだけ多く」という条件を満たしていることを証明してみましょう。確かに、2個のおもりで3ｇ以上を量るなんて、できなさそうです。でも、疑り深い人がいて、「いや、別のおもりの組み合わせを使えば……」なんて言って、どうしても納得しなかった場合、どうしたらよいですか？

数学の「証明」は、そんな疑り深い人を説得するために生まれたと言われています。証明という方法が最初に使われたギリシャ時代は、ソフィスト（詭弁家《きべんか》）が活躍していた時代でもあります。ソフィストのなかで、いちばん有名なのはソクラテスです。私が中学校で使った英語の教科書には、彼が悪妻クサンティッペに「役に立たないことばかりして」と罵《ののし》られ、水をぶっかけられた逸話《いつわ》が載《の》っていました。

また、ソクラテスの次に有名なソフィストは、ゼノンです。彼は、「アキレスと亀が競争するとき、亀がアキレスより少しでも早くスタートしていれば、アキレスは亀を追い越すことができない」という命題を示し、無限を含んだ（当時の）論理に欠陥があることを示しました。

アキレスは永遠に亀に追いつけない？

アキレスは、運動靴にその名のメーカーがあるくらいで、走るのが誰よりも速いギリシャ神です。一方の亀は、「〜お前ほど、歩みののろいものはない〜」と歌われるくらいですから、アキレスが追い越せないなんて嘘に決まっています。実は私は、大学1年のとき、10キロ走でゼノンの理論を確かめてみたことがあります。私は最初、猛ダッシュでトップに躍り出ました。ゼノンの理論に従えば、その後、私は誰にも追いつかれないはずです。しかも私は念には念を入れて、背中に「追い越し禁止」の文字まで入れました。でも、結局は誰にも順法（私の勝手な法ですが）精神がなく、私はどんどんクラスメイトに抜かれてしまいました。

ともかく、そんなソフィストたちが活躍していたということは、説得できなければ理論が認められないような社会だったということです。

今はそんな時代ではありませんが、他人を説得するために説明を文章で書いてみれば、あいまいなところがわかり、自分自身も確信を持てることが多いですから、ぜひ証明に挑戦してみてください。

疑り深い相手は、こう説得せよ！

おもりを２個使えば、最大３通り量れる理由は、次の樹形《じゅけい》図《ず》で説明できます。樹形図はおもりを載せるかどうかで枝分かれします。上の矢印が載せる場合です。

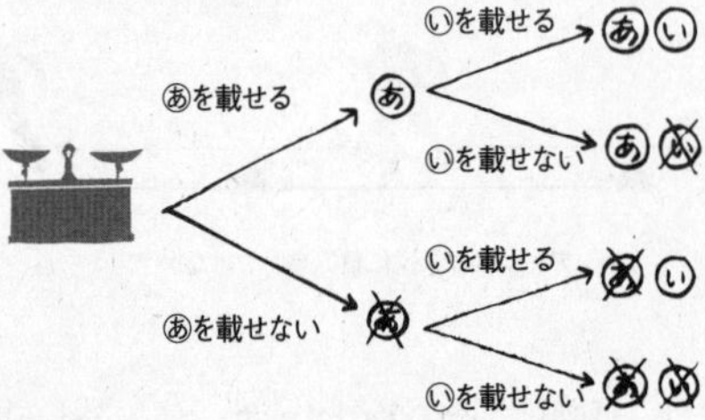

あいの２個のおもりを天秤の片側に載せる場合の数は
全部で４通り。×印がついているのはおもりを載せない場合

樹形図では、全部で４通りですが、天秤に２個とも載せない場合は０ｇになり、量ったことになりませんね。したがって、２個のおもりで量れるのは、全部で３通りです。１ｇ、２ｇ、３ｇの３通りを量れるのが最大だということが証明できました。

この考え方をもとに、最初の問題８－１のおもりを３個使う場合を考えてみましょう。２個で３ｇまで量れましたから、おもりを１個増やして、４ｇ以上を量れるのです。

ヒントを出します。

問題8-1のヒント

さきほど、おもりを１個（１ｇしか量れない）から２個に増やしたとき、１ｇの次の２ｇを量る方法を考えました。今度は、３ｇまで量れるから、その次の４ｇをどう量るか考えてみましょう。

問題8-1の解き方

　おもりが2個のときは、３ｇまで量ることができました。４ｇを量るためには、１ｇ、２ｇ、３ｇのいずれかのおもりを１個追加すれば量れます。でも、４ｇのおもりを追加してはどうでしょうか？　図のようにいちばんたくさん量ることができますね。

　１ｇ、２ｇ、３ｇのいずれかのおもりでは、同じ重さを別の組合せでも量ることができるので、ロスが出ます。たとえば、３ｇのおもりを追加したとします。３ｇは、３ｇのおもり１個でも量れますし、１ｇと２ｇの２個のおもりを使って量ることもできます。つまり、２通りの量り方があって、ダブってしまうのです。

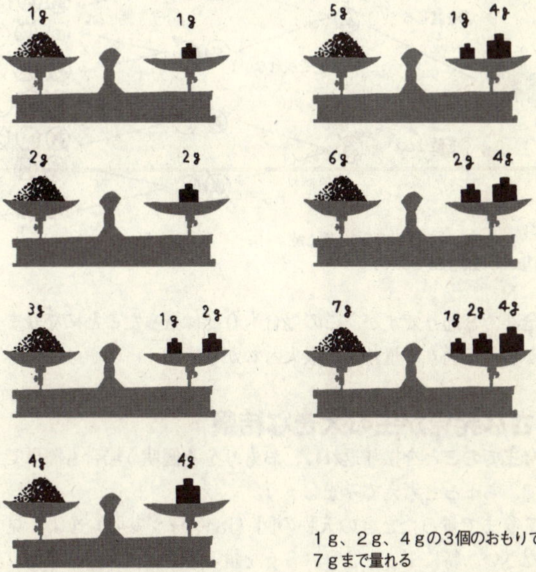

1g、2g、4gの3個のおもりで、
7gまで量れる

よって、3個のおもりで、できるだけたくさん量るには、1g、2g、4gのおもりを使えばよいことになりますね。

問題8-1の答　○、△、□は1g、2g、4g

3個のおもりを使う場合、この量り方がもっともたくさん量れることは、樹形図で説明できます。今度は、枝分かれしているところが3階層に分かれていることに注意してください。上の矢印が「載せる」です。

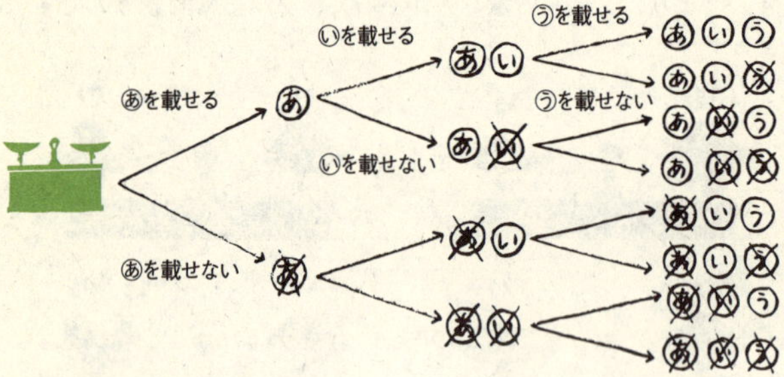

あいうの3個のおもりを天秤の片側に載せる場合の数は全部で8通り

全部で8通りですが、この場合も0gは量ったことになりませんから、7通りの量り方が最大とわかります。

小さな発見が生む大きな結果

今までのことを振り返れば、おもりを4個使う場合も簡単ですので、ちょっと考えてみましょう。

7gまで量ったときの天秤の図（185ページ参照）をよく見てください。特に1g、2g、3gを量る場合と、5g、6g、7

gを量る場合に注目してください。1g、2g、3gの量り方の横に、それぞれ4gのおもりを追加した量り方、5g、6g、7gが書いてあることに気がつきましたか？

さて、おもりは最初1（$=2^0$とも書きます）gのものを用い、その後、2（$=2^1$）g、4（$=2^2$）gと2倍の重さのものを増やしていきました。ですから、おもりを3個から4個にする場合、次に増やすのは、4の2倍で8（$=2^3$）gではないかと考えられます。

1g、2g、4gのおもりの他に8gのおもりも使えるとすると、まず8gを量ることができます。そして、1g、2g、4gの3個のときに量った1～7gの量り方に、それぞれ8gのおもりを足して9～15gまでを量ることができます。こうして4個のおもりを使って、1～15gまで量ることができました。

ここで、次の式を見てください。

$$1+2+4+8\,(=15)=16-1$$

右辺と左辺の関係に何か気がつきますか？

この式は、

$$1+2+2^2+2^3=2^4-1$$

と表すこともできます。

この式の右辺は、樹形図で求めると出てくる場合の数2^4（16通り）から、意味がない0gの場合を引いた数です。一方、左辺の足し算は、4個のおもりすべてを片方の皿に載せて量ったときの重さ（15g）を表しています。15gは、4個のおもりを使って量ることができる最大の重さでもあります。1gきざみで量るのですから、最大の重さの値が、量れる場合の数とちょうど等しくなっているのですね。

この式から、一般に、

$$1+2+2^2+\cdots+2^n=2^{n+1}-1$$

が成り立つであろうことが推理できます。

これが、「類推（アナロジー）」という重要な考え方です。

類推で得られたこの式は、第５章のトーナメントの試合数の計算からも出てきましたね。同じような構造がいろいろなところに隠れていることを知るのも、数学の面白さの１つです。

おもりを天秤の両方に載せたらどうなる？

今度は、天秤の両側におもりを載せられる場合を考えます。

問題8-3

3個のおもり○g、△g、□gを使って、1gきざみで重さを量りたい。できるだけ多くの重さを量るためには、何の値を何にすればよいでしょうか？　なお、おもりは天秤の両側に載せられるものとします。

やっぱり、いきなりでは、少し難しいでしょう。そこで、おもりが２個の場合から考えます。おもりを片側の皿だけに載せる場合の方法から、両側に載せる場合を推理することも重要なアナロジーです。

問題8-4

2個のおもりを使って、1gきざみで重さを量りたい。できるだけ多くの重さを量るためには、○、△の値を何gにすればよいでしょう？　なお、おもりは天秤の両側に載せられるものとします。

問題8-4のヒント

１ｇを量るために、１ｇのおもりは絶対必要です。これで１個は決まりですから、次に、２ｇを量るために何ｇのおもりを追加すればよいか考えてみましょう。

このとき、２ｇのおもりを追加するのでは、片側の皿だけにおもりを載せる場合と変わりません。両側におもりを載せられるというメリットが全然活かせていませんね。片側の皿に重いおもり△を載せて、もう一方の皿に軽いおもり○を載せたらどうなるでしょうか？

問題8-4の解き方

下の図のように、両方の皿に１個ずつおもりを載せると、２個のおもりの差である（△−○）ｇの重さを量ることができます。この他に、△ｇ、○ｇ、２つのおもりの和である（△＋○）ｇの３通りを量ることができますから、結局、全部で４通りの重さを量ることができます。よって、４ｇまで量れるようにすれば、いちばん多く量ることになります。１ｇと３ｇのおもりを使えば、４ｇまで量ることができますよ。

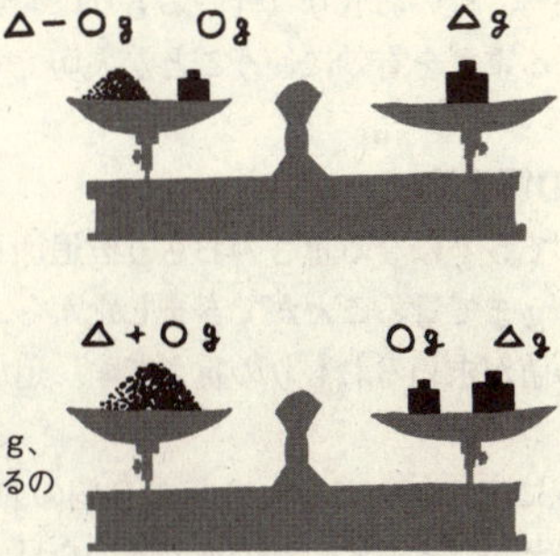

○g、△gの他に(△−○)g、(△+○) gの量り方があるので、全部で4通り

問題8-4の答　○と△は１ｇと３ｇ

また、上の図から、「できるだけ多く」という条件を満たしていることも同時にわかります。

これをもとに、問題8－3を考えてみましょう。

問題8-3のヒント

2個のおもりを使って、1～4ｇまで量ることができました。おもりが3個の場合は、もう1個おもりを加えて、5ｇ以上量れるようにします。

片方の皿だけにおもりを載せる場合は、2個で3ｇまで量ることができ、3個に増やす際に次の値（つまり、4ｇ）を考えることがポイントでした。

両側の皿におもりを載せる場合も同様に、次の値、つまり5ｇをどうやって量ればよいか考えてみましょう。おもりが2個の場合は、1ｇのおもりと、もう1つ、何ｇのおもりを使いましたか？　3ｇのおもりを追加して、引き算（3－1＝2）して2ｇを作り出しましたね。両側の皿におもりを載せられる場合は、重いおもりから、軽いおもり（軽いおもりは複数でもいいよ）を引いて得られる重さを有効に使うことが大切です。

問題8-3の解き方

引き算して5ｇになる重さのおもりを追加しましょう。

2個で4ｇまで量ることができましたから、X－4＝5に当てはまるXの値が求めるおもりの重さです。追加するおもりは、9ｇですね。

図のように、1ｇ、3ｇ、9ｇの3個のおもりで、1～13ｇまで量ることができます。図の横の並びを見てください。ｎｇ、（9－ｎ）ｇ、（9＋ｎ）ｇと並べてあります。これから、この問題の構造をぜひ読み取ってください。

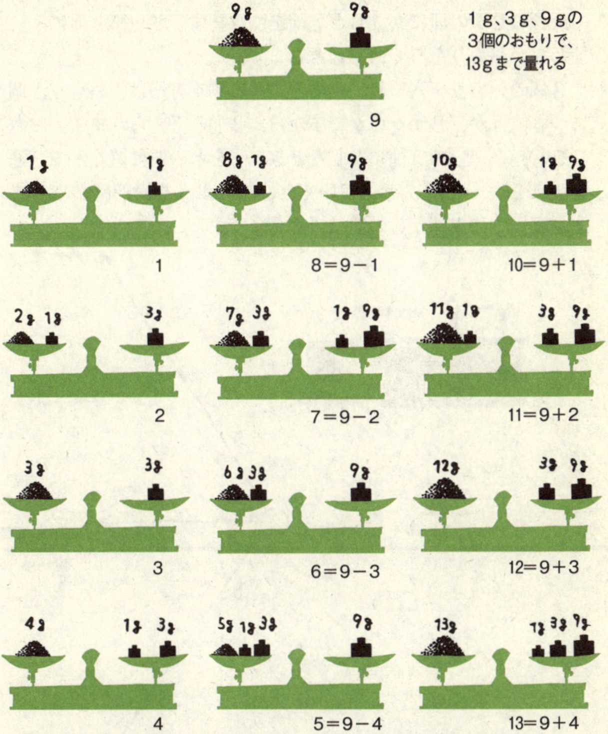

1g、3g、9gの
3個のおもりで、
13gまで量れる

問題8-3の答　○、△、□は１g、３g、９g

３個のおもりを使ってできるだけ多くの重さを量りたい場合、１g、３g、９gのおもりを使うのがいちばんよい理由を説明しましょう。

天秤の２つの皿にＡ、Ｂと名前をつけます。さらに（皿に？）、使わないおもりを置く台をＣとします。

３個のおもりをＡ、Ｂ、Ｃのどこかに置く方法は、おもり１個につき、Ａか、Ｂか、Ｃかですから、３通り考えられます。おもりを○、△、□の３種類としたとき、○をどの皿に置くかで３通り、△を……と順に考えていくと、次のような樹形図ができます。真横への矢印がＣの皿に置く場合です。

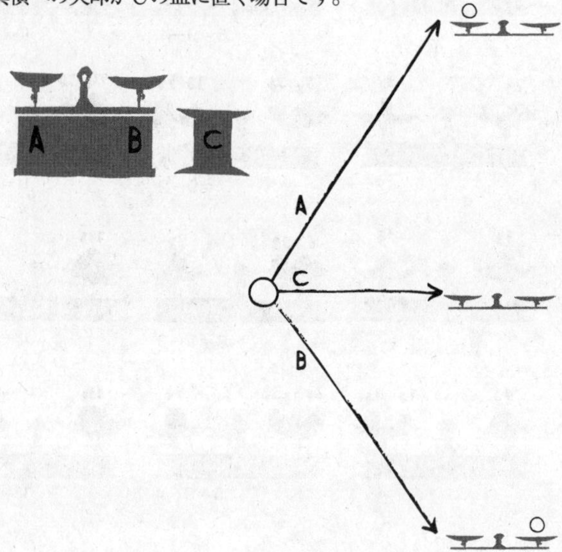

１ｇ、３ｇ、９ｇのおもりを天秤の両側に載せる場合の数は全部で27通り
（図では△を▲で表記しています）

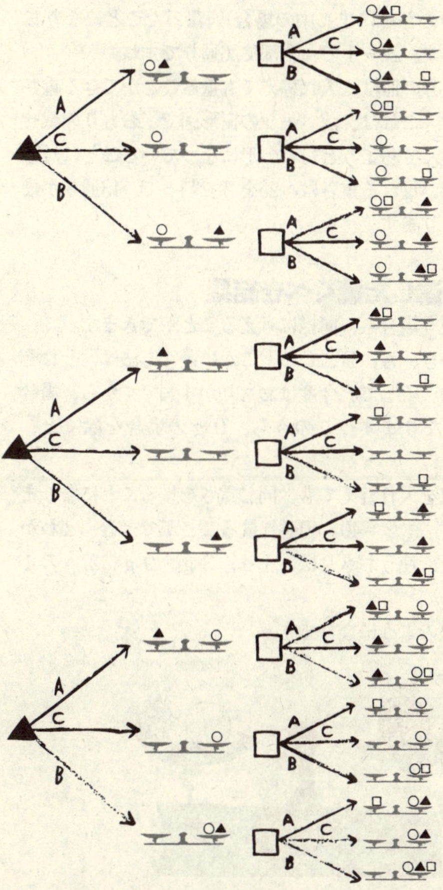
A
C
B
A
C
B
A
C
B
A
C
B
A
C
B
A
C
B
A
C
B
A
C
B
A
C
B
A
C
B
A
C
B
A
C
B

よって、すべての場合の数は3^3=27通りになります。このうち、おもりを3個ともCに置く場合は0gになるので（193ページの図で、まん中のさらにまん中の場合）、量ったことになりませんから除外します。27－1で、全部で26通りですね。

また、Aの皿とBの皿は、入れ替えても量ることができる重さは同じになります。これは、前ページの樹形図で、おもりの載せ方が真ん中をはさんでちょうど対称の形になっていることに対応します。ですから、量れる重さは、26を2で割って、13通りが最大ということになります。

「類推」で到達した驚くべき結果

おもりを4個使う場合も、同様に考えることができます。

おもり1個につき、A、B、Cのどこかに置く方法は、それぞれ3通りあります。そして、今度はおもりが4個ですから、場合の数は3^4通りとなります。このうち、0gの場合を除くと、3^4－1通りですね。

Aの皿とBの皿を入れ替えても、同じ重さを量ることになりますから、（3^4－1）÷2＝40。40通り量ることができる、とわかりましたね。また、使うおもりは、1g、3g、9g、27gの4種類です。

まとめると、次のようになります。

おもりを3個使う場合は、

3^3-1通りの載せ方があるから（すべて予備台に載せる場合をのぞく）、

13g（$=\frac{3^3-1}{2}$）まで量ることができる

おもりを4個使う場合は、

3^4-1通りの載せ方があるから（すべて予備台に載せる場合をのぞく）、40g（$=\frac{3^4-1}{2}$）まで量ることができる

おもりを全部使った場合の重さが、量ることができる重さの最大値ですから、何gまで量ることができるかを求めるには、以下の方法もありますね。

おもりを3個使う場合は、

$1+3+9=13$

おもりを4個使う場合は、

$1+3+9+27=40$

以上より、次の式が成り立ちます。

$$1+3+9=\frac{3^3-1}{2}$$
$$=13$$
$$1+3+9+27=\frac{3^4-1}{2}$$
$$=40$$

2つの式の左辺は、いずれもすべてのおもりを片側の皿に載せた場合（つまり最大）の重さになっています。1gから1gきざみで量っていますから、最大の重さは、量れる場合の数と等しくなるはずです。

一方、右辺は、樹形図から計算した、量り方の数です。本来、左辺の単位は「g」、右辺の単位は「通り」で違うものなのです

が、この2つをつなげると面白い式が出てきます。

これを、一般化すると、次の式が導かれるのです。これが、類推の結果です。

$$1+3+9+\cdots+3^{n}=\frac{3^{n+1}-1}{2}$$

さらに、片側の皿だけにおもりを載せた場合に得られた式（188ページ参照）を思い出してみましょう。以下の式でしたね。

$$1+2+4+\cdots+2^{n}=2^{n+1}-1$$

ここで出た2つの式を並べて書いてみると、

$$1+3+3^{2}+\cdots+3^{n}=\frac{3^{n+1}-1}{2}\cdots\cdots①$$

$$1+2+2^{2}+\cdots+2^{n}=2^{n+1}-1\cdots\cdots②$$

になります。式①の左辺は3を累乗したものの総和、式②は2を累乗したものの総和になっていますね。

ここで、右辺の分母にも着目してみましょう。式①の分母は2です。これは、「3－1＝2」で表すことができます。式②の分母は1です。これは、「2－1＝1」で表すことができます。

式①

$$1+\mathbf{3}+3^2+\cdots+3^n=\frac{3^{n+1}-1}{\mathbf{2}}$$

$$\mathbf{3}-1=\mathbf{2}$$

式②

$$1+\mathbf{2}+2^2+\cdots+2^n=\frac{2^{n+1}-1}{\mathbf{1}}$$

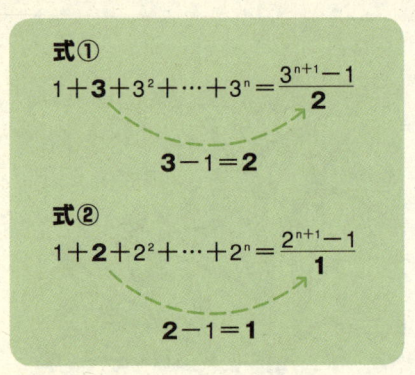

$$\mathbf{2}-1=\mathbf{1}$$

このことから類推されるのは、次の式です。これを「等比数列の和の公式」と言います。

前項にある特定の数を掛けたものが次の項になっている数列を、等比数列と言う

$$1+a+a^2+\cdots+a^n=\frac{a^{n+1}-1}{a-1}$$

なんと、おもりの問題から、等比数列の和の公式に到達しました。

数学の授業では、たくさんの公式が出てきますね。ただ暗記するだけではなくて、このように公式の背景にも目を向けてみると、数学の神秘に触れることができるのではないでしょうか。

岡部

類推する技術

8つの技術を身につけることは、未来を味方につけることである！

この章では、天秤の問題から、おもりがいくつの場合でも一般的に成立する公式が導けることを再発見した。

このように2つか3つの場合をじっくり考えて、〝樹形図〟などで分類し、一般的にはこうではないかと**類推する技術は、［よのなか］の未来を予測するには重要**な方法だ。

「こうであるなら、将来的にもこうであるはずだ」

「天気図で前線がこう張り出してくれば、明日の天気は崩れるはずだ」

「携帯電話が女性にこれだけ売れるなら、かわいいキャラクターが描かれたストラップを売り出せば、人気を博するはずだ」

こうした新商品のマーケティングをする場合、たいていの企業では、小さい地域でテスト・マーケティングと称する試行錯誤を繰り返してから、全国発売を決断する。たとえば、売り出そうとする新しい缶飲料を静岡県下だけで発売してみて、売れ行きやターゲットとなる顧客の属性（どんな人が買うのか）が最初にたてた仮説と誤差がないかを調べる。

ちょうど「2つ3つのおもりの場合」の重さの増え方を観察してから、おもりを一気に増やした場合についての公式を算出するようなものだ。

この本では、**数学的な思考技術の神髄を「本質を見抜く力」としているが、それは同時に「未来を見抜く力」**でもある。

だから私は子どもたちに、「数学は未来を味方につける力」だと話すことがある。

一方、国語、とくに読書を通じた読解力は「過去を味方につける力」であるとも考えられる。なぜなら、多くの著者が2年とか20年とかの歳月をかけて調べに調べ、考えに考え抜いて原稿を書き、編集者がこれを読者の頭に入りやすいように編集してやっと1冊の本になるのだが、私たちは、その著者によってまとめられた「過去の膨大な遺産」を短時間で頭に収めることができるからだ。

ちなみに私自身は文庫も含めて40冊以上の本の著者でもあるが、単行本の場合、1冊の本を生み出すのに、通常は半年から1年の準備期間をもつ。その後、執筆に半年、校正・編集・印刷プロセスに半年、計2年かかる。準備期間には少なくとも10冊程度の本や資料を読み込んでから執筆をスタートする。

この本の場合にも、岡部先生の前著『考える力をつける数学の本』（日本経済新聞社）と最初に出会ってから、3カ月にわたって計14回、息子をモルモットにした授業を家で続け、効果のほどを確認しながら構想を固めていくのに半年をかけた。その後、品川女子学院での「よのなか数学」の授業をやはり半年で11回続け、生徒の反応を見ながら製作していったので、準備に丸1年かけたことになる。

読者には、その成果を、とくと味わっていただきたい。

アキレスと亀

私自身が、**数学は単なる「計算問題」と「図形問題」の解き方ではなく、より本質的な「問いかけ」に対する考え方**の1つであると最初に意識したのは、高校に入ってからのことだった。

1年生のときのクラスに数学好きの友人がおり、その友人がしきりに「数学者のガロアが決闘してどうしたこうした」とか「アインシュタインの相対性理論をやさしくいうとナンチャラカンチャラ」とか休み時間につぶやくのだった。最初は興味がなかったのだが、手渡された本をパラパラとめくってみると、この章にも出てくる「アキレスと亀」の話が載っていた。

亀が先行して走り出した場合、その亀にアキレスが追いつくまでにかかる時間で亀は少し前に出ることができる。アキレスがそれに追いつこうとすれば、その時間の分だけ、また少し亀が前進する。こうして考えると、だんだんと差は縮まるが、けっしてアキレスは亀を追い越すことはできないはずだ。

こういう話を「パラドックス」と呼び、ギリシャのソフィスト達はお互いの思考力の力量を試すために好んで出題しあったのだという。

確か、その本には、こんなパラドックス問題も並んで書かれていた。

「弓から矢が射られる場合、的《まと》との距離の半分飛んで、そのまた半分飛んで、そのまたまた半分飛んで……と考えていくと、矢は永遠に的に当たらないはずだ」

ところが現実には矢を射れば的に当たる。それはなぜか？

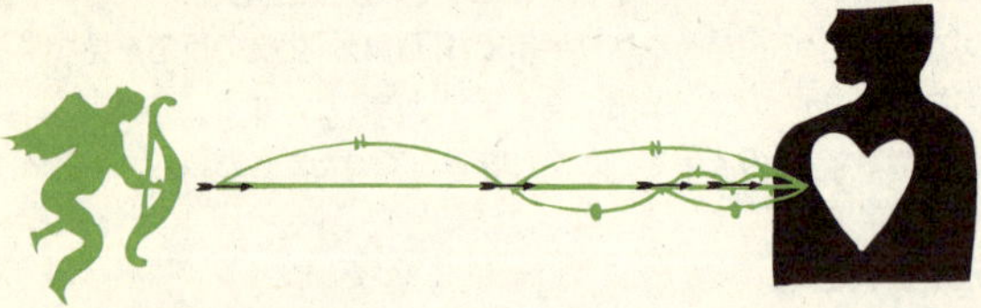

私は、「数学」というものへの興味の前に、まずこの「パラドックス」という言葉のカッコよさに無条件にグッときた。ついで、**よのなかで起こる当たり前の現実を、こんなふうに違った視点で見ることの面白さ**に魅かれたものだ。

つまり、高校１年になってやっと「数学的なるもの」の本質に触れることができたわけだ。しかもそれは、数学の授業を通してではなく、友人を通してだった。もちろん、まだ、それが自分のものになった感覚はなかったけれど。

そして約30年が経ち、20年以上のビジネスマンとしての経験を経て、私は知らず知らずのうちに、この本に出てくるような本質的な問題を［よのなか］から何度も何度も出題されてきたように思う。

その結果、「数学脳」を磨き続けることができた。

この本では、そんな私の20年間の［よのなか］体験のエッセンスと岡部数学のエッセンスをまぜこぜにして、おいしいところだけを味わっていただけるよう編集してある。

風が吹けば桶屋《おけや》が儲かる

類推の本質とは、「風が吹けば桶屋が儲かる」というロジックだ。

『成語林』（旺文社）曰く、「大風が吹くと砂ぼこりのために目を痛めて失明する人が多くなる。すると三味線をひく人がふえるため、それに張る猫の皮が必要になって猫が殺される。猫が減ればねずみがふえて桶をかじり、桶づくりの仕事がふえて桶屋が喜ぶ」。

つまり、「（1）風が吹く」→「（2）失明する人が多くなる」→「（3）三味線が増産される」（昔は、失明した人の主要な職業の１つが三味線弾きだった）→「（4）原料の猫が減る」→「（5）鼠が増える」→「（6）桶をかじる」→「（7）桶屋が儲かる」という七段論法だ。これは、「あまりにも不確かな論理が積み重なると、結論が飛びすぎる」という好例でもあるのだが、少々飛ぶこともあると遊び心を持っていれば、このような思考トレーニングはビジネスに限らず、あらゆる世界で有用だ。

私もよく、企業の中堅幹部の研修講師に招かれて、「風が吹けば桶屋が儲かる」というワークショップをして受講者たちの「類推する技術」を試すことがある。

たとえば株屋さん（証券会社の人々）にとって、今年の冬が厳しく、かつ不況が続くと、どんなことが起こり、結果的にどこの会社の株が上がるかという問いかけを繰り返す。

「(1)冬が寒いと暖かいものを食べたくなる」→「(2)でも不況だから、飲み屋やレストランではなく家に帰って〝鍋物〟を食べる」→「(3)だから、ガスコンロが非常に使われてガス会社が儲かる」といった具合の類推だ。

この本のテーマである「本質を見抜く力」にとって、こうした三段論法や七段論法は、関連する事象を結びつけて考えるための道具だての1つになるだろう。

勉強嫌いや不登校の子どもたちにも

不登校の子どもたちが、小中学校で13万人、高校でも10万人を超えていると言われる。たぶん、おもての統計に現れてこない「学校へ行くのが何らかの理由でつらくなっちゃった子どもたち」は、今はまだ顕在化していない層を含めて、その3倍程度はいるだろう。

ある者は数学についていけなくなってしまい、ある者は頭が良すぎてバカらしくなり、ある者は人生の意味を考えてしまうほど成熟して、学校という規格化された組織には馴染めなくなってしまう。1400万人の小・中・高生がいるとすれば、システムに対して違和感のあるものが数%出るのは健全なことかもしれない。もっと積極的に、柔らかな学びの実現が求められている証でもある。

そうした子どもたちにもチャレンジしてほしい数学、それが本書『人生の教科書[数学脳をつくる]』だ。

教室で教えられる教科書数学が合わないとすれば、基本的な素養として、どんな数学マインドを持たせたらいいのか。どんな問題に触れさせれば、もっと「数学的なるもの」に興味を持ってくれるのか。数学嫌いの子や不登校児の父母の方々は、そんなふうに悩んでいらっしゃるに違いない。この本は、その回答の一端を示すことにもなるだろう。

なぜなら、この本のなかで順々にやってきた「区別する技術」「寄せる技術」「捨てる技術」「くっつける技術」「かみくだく技術」「なんとなくの技術」「近似する技術」「類推する技術」という**8つの技術は、どれも、自分の人生を編集する技術でもあり、未来につながる“光”を見つけるための基本的な「処生術」**だからである。

藤原

本書は、新潮社より2003年１月に『［よのなか］教科書 数学 数学脳をつくる』として刊行された。

ちくま文庫

人生《じんせい》の教科書《きょうかしょ》［数学脳《すうがくのう》をつくる］

二〇〇七年九月十日　第一刷発行

著　者　藤原和博（ふじはら・かずひろ）
岡部恒治（おかべ・つねはる）

発行者　菊池明郎
発行所　株式会社　筑摩書房
東京都台東区蔵前二―五―三　〒一一一―八七五五
振替〇〇一六〇―八―四一二三
装幀者　安野光雅
印刷所　錦明印刷株式会社
製本所　株式会社鈴木製本所
乱丁・落丁本の場合は、左記宛に御送付下さい。
送料小社負担でお取り替えいたします。
ご注文・お問い合わせも左記へお願いします。
筑摩書房サービスセンター
埼玉県さいたま市北区櫛引町二―六〇四　〒三三一―八五〇七
電話番号　〇四八―六五一―〇〇五三

Printed in Japan
ISBN978-4-480-42373-3　C0141